KB270291

예신 Books

KNIT LOVE WORKSHOP
BLEND

손뜨개 워크숍
니트러브
블렌드

니트러브 엮음

예신 Books

contents

BLEND는 매해 테마로 주어진 새로운 기법과 무늬를 바탕으로
다양한 패턴을 고안하고 공유하는 니터들의 워크숍입니다.
대형 도매상을 주축으로 한 홍보 위주의 전시행사를 탈피하고
니터들의 상호작용으로 다양한 성과를 이뤄내는 축제의 자리입니다.

다섯 번째 BLEND 워크숍을 맞아 니트러브는 '필립섬유'와 업무제휴를 통해
니터들이 편안하게 작품을 감상할 수 있도록 양사 간의 전시회 일정을
맞추고 전시회장 간의 셔틀버스를 운행할 계획입니다.
'섞다', '조합하다'는 뜻의 BLEND의 의미에 걸맞게 니터들의 편의와
손뜨개 활성화에 초점을 둔 발걸음입니다.

니트러브는 향후 산발적으로 진행되는 뜨개행사의 주체들과 협의를 통해
니터들이 보다 편하게 행사에 참여하고 양질의 콘텐츠를 즐길 수 있도록
발전적인 융합을 추구할 것입니다.

코엑스 몰에서 대한민국의 모든 니터들이 한자리에 모일 수 있는 날을
기약하며 이 책이 출간되기까지 도움을 주신 모든 분들과 흔쾌히 업무제휴를
허락해 주신 필립섬유 강흠구 대표님께 감사의 말씀을 드립니다.

니터들의 놀이터 니트러브는 니터들을 응원합니다.

-니트러브 조성진 올림

KNIT LOVE WORKSHOP
BLEND

KNIT LOVE WORKSHOP
BLEND

BLUE SKY 톱다운 풀오버
김현심 | 지은마미
49P

빅토리아 박스 풀오버
김현심 | 지은마미
52P

요크벨트 튜닉
김미란 | 그린
55 P

Pola Vest
김미란 | 그린
58ᴾ

빈센트 플라워
김미란 | 그린
61 P

EAST
김미란 | 그린
64ᴾ

벽돌무늬 카디건
함귀화 | 실뭉치
68P

어린이용 집업 점퍼
함귀화 | 실뭉치
72P

배색양말
이상미 | 어쭈구리
77P

하늘하늘 풀오버
김미정 | 쩡이
81ᴾ

실루엣 원피스
김미정 | 쩡이
84P

서로 만남 목도리
최명옥 | 이쁜나비
90ᴾ

서로 만남 재킷(남)
최명옥 | 이쁜나비
87ᴾ

와플 풀오버
이용화 | 니팅미르
92ᴾ

포그니 아프간 카디건
박향숙 | 손뜨개이야기

97 P

다람쥐
장임순 | 야미돌
100P

판다
장임순 | 야미돌
106P

흰 공작새 핸드워머
윤주영 | 슈에이
111ᴾ

플뢰르 드 리스 넥워머
윤주영 | 슈에이
113P

Summer garden V넥 조끼
윤주영 | 슈에이
115ᴾ

케이블 원피스
김현아 | 얀
126 P

엘사 케이프
김현아 | 얀
128^P

엮음 목도리
이원숙 | 귀연줌마
134ᴾ

엮음 모자
이원숙 | 귀연줌마
135 P

S라인 풀오버
이원숙 | 귀연줌마
136ᴾ

WORKSHOP
BLEND
카디건 Rose
mj홍
140ᴾ

빈센트 비니
mj홍
143 P

빈센트 베레모
mj홍
145 P

로트렉 넥워머
mj홍
146 P

빅볼 목도리
mj홍

147 P

집업 재킷-엮음
mj홍
148ᴾ

노트북 가방 – 엮음
mj홍

152ᴾ

싱그러움(스카프랑 비니랑)
mj홍
153 P

도미노 베스트
mj홍
156 P

뒤트임 롱 베스트
mj홍
159P

숄 같은 카디건
mj홍

162ᴾ

모던 코트
mj홍
165ᴾ

엮음 무늬 무릎담요
김현옥 | 하늘여자
169 P

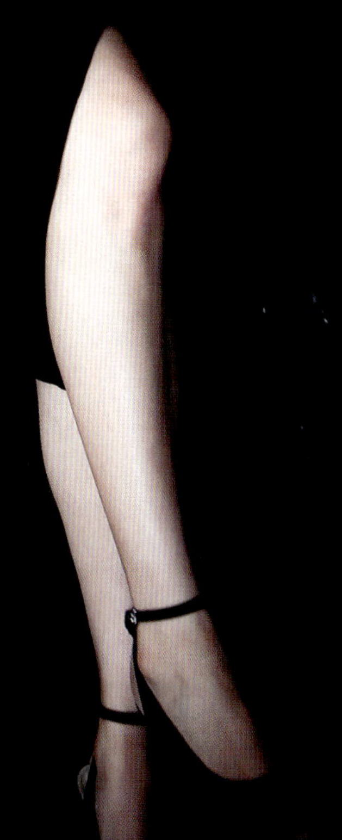
엮음 쿠션 set
이강미 | 당나순
172P

Two-Way 목도리
이강미 | 당나순
174^P

Bee 스티치 목도리
이강미 | 당나순
176P

연애사 워크숍과 인연을 맺으며
해마다 새로운 패턴을 선보여야 한다는 부담감이
점점 커지는 가운데 어느새 4년이란 시간이 흘렀습니다.

올해의 패턴은 '엮어서 뜨는 안뜨기'라고 이름 지은 무늬입니다.
보통의 안뜨기와 달리 배색을 하든지 동일한 색상을 사용하든지와 무관하게
두 가닥의 실로 새끼줄을 꼬듯 일정한 방향으로 엮어 뜨는 안뜨기입니다.
보여지는 모습은 떠가는 방향으로(우에서 좌로) 도드라진 겉뜨기 모습이
나타납니다.
메리야스편 위에서 더욱 입체적으로 나타나기에 배색 무늬의 겨계부부이나
허리선. 단 등등의 강조할 필요가 있는 곳에 응용하면 만족스러운 효과를
느끼실 겁니다.

-mj홍

KNIT LOVE WORKSHOP
BLEND

KNIT LOVE WORKSHOP
BLEND

김현심 | 지은마미

작가 이력

2010년부터 낙양모사 객원디자이너로 활동

2012년 니트러브 소품 공모전 제2회 대상 수상

2012년 니트러브 소품 공모전 제3회 특별상 수상

BLUE SKY 톱다운 풀오버

6P

사용실과 사용량 : 포엠스마라톤 952번 230g, 다이아나스팡클 102번 3볼
사용 도구 : 3.5mm, 4mm, 4.5mm 대바늘
사이즈 : 가슴둘레 102cm, 길이 63cm, 소매 43cm

Tip : 톱다운으로 뜨는 블루스카이 풀오버입니다. 파란 하늘에 별이 총총 박힌 듯한 아름다움이 있습니다.

뜨는 법

1. 두 가지 실을 합사하여 3.5mm 바늘로 기본 코잡기로 126코를 만들어 원통으로 연결하여 1코 고무뜨기를 5단 뜬다.

2. 4mm 바늘로 마커(M)를 처음에 한 개, 겉뜨기 13코를 뜨고 2번째 마커, 50코 뜨고 3번째, 다시 13코 뜨고 4번째 마커를 끼워 준다(오른쪽 소매 13코, 앞판 50코, 왼쪽 소매 13코, 뒤판 50코로 나뉘어진다).

3. 마커는 옮겨주고 첫 코는 걸러 뜨고 다음 마커까지 겉뜨기를 한다. 또 마커는 옮겨주고 1코는 걸러 뜨고 겉뜨기를 하면서 한 단을 뜬다.

4. kfb : 겉뜨기로 뜨고 바늘을 빼지 않은 상태에서 뒤쪽으로 바늘을 넣어서 한 코 더 만들어주는 코늘림 방식이다. 다음 단은 마커를 옮기고 첫 코는 kfb로 뜨고 다음 마커 1코 전에 kfb로 뜬다. 즉 마커 앞뒤로 kfb를 해주어서 1단을 뜬다.

5. 3과 4를 25회 더 반복한다(합 52단으로 오른쪽 소매 65코, 앞판 102코, 왼쪽 소매 65코, 뒤판 102코가 된다).

6. 소매 부분은 별실에 옮겨놓고 뒤판은 7단을 더 떠준다.

7. 뒤판 7단을 뜨고 겨드랑이 부분 8코 늘림을 만들고 앞판 102코 겉뜨기를 하고 8코를 만들어준다.

8. 4코, 마커 4코, 앞판 102코, 4코, 마커 4코, 뒤판 102코가 되도록 뜬다.

9. 3코, ⋏(왼코 모아 2코 뜨기), 앞판 101코, ⋋(오른코 겹쳐 2코 뜨기), 3코, 마커, 3코, ⋏, 뒤판 101코, ⋋, 3코, 마커, 3코가 되도록 뜬다.

10. 겉뜨기로 4단을 더 떠주고 바늘을 4.5mm로 바꾼다.

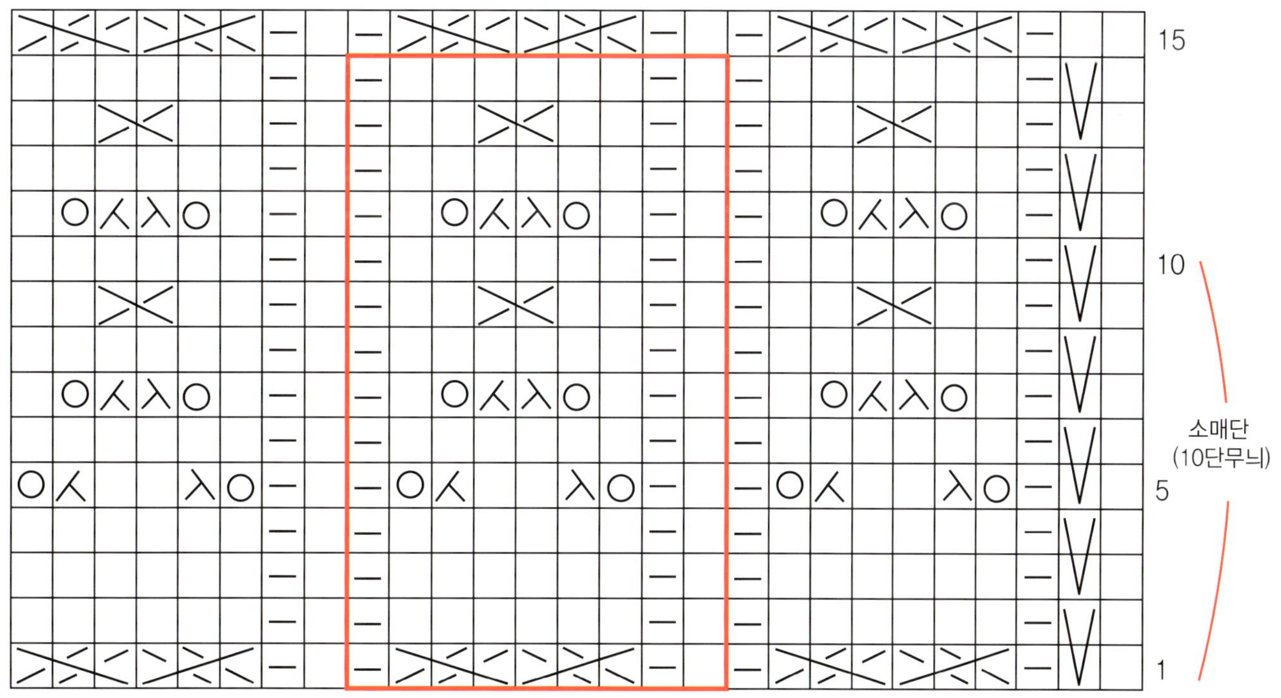

무늬 뜨기 도안

11. 무늬 뜨기 도안대로 뜨기 시작한다(앞판 + 뒤판 = 108 + 108 → 24무늬).

12. 마커(중심)를 옮기고 첫 코는 걸쳐뜨기를 한다(옆선 중심코).
     ∨걸쳐뜨기 : 뜨지 않고 오른쪽 바늘로 옮긴다. 2번째 단은 겉뜨기를 해준다.

13. 뒤판도 똑같이 마커를 옮기고 첫 코는 걸쳐뜨기를 해준다.

14. 무늬차트를 6회(84단) 뜨고 겉뜨기 12단을 떠준다.

15. 무늬단을 10단을 더 떠주고 바늘을 4mm로 바꾸어 1코 고무단을 5단을 뜨고 코막음을 해준다.

왼쪽 소매 뜨기

1. 별실에 끼워 둔 65코를 4mm 바늘에 옮긴다.

2. 마커, 6코를 앞판에서 줍고, 소매코 65코, 9코를 뒤판에서 줍는다(원통으로 한다).

3. 마커, 5코 겉뜨기, 人, 소매코 64코, 入, 8코 겉뜨기로 뜬다.

4. 소매코 78코를 10-1-1번, 8-1-10번 하여 90단을 뜬다(56코).

5. 90단에 한 번 더 코를 줄임하여 54코로 만든다.

6. 무늬단을 10단 떠준다(6무늬).

7. 3.5mm 바늘로 바꾸어 1코 고무뜨기를 4단 뜨고 코막음을 한다.

오른쪽 소매 뜨기

1. 왼쪽 소매와 같으나 코 만드는 순서를 바꾸어 준다.

2. 마커, 9코를 앞판에서 줍고, 소매코 65코, 6코를 뒤판에서 줍는다(원통으로 한다).

3. 마커, 8코 겉뜨기, 人, 소매코 64코, 入, 5코 겉뜨기로 뜬다.

4. 소매코 78코를 10-1-1번, 8-1-10번 하여 90단을 뜬다(56코).

5. 90단에 한 번 더 코를 줄임하여 54코로 만든다.

6. 무늬단을 10단 떠 준다(6무늬).

7. 3.5mm 바늘로 바꾸어 1코 고무뜨기를 4단 뜨고 코막음을 한다.

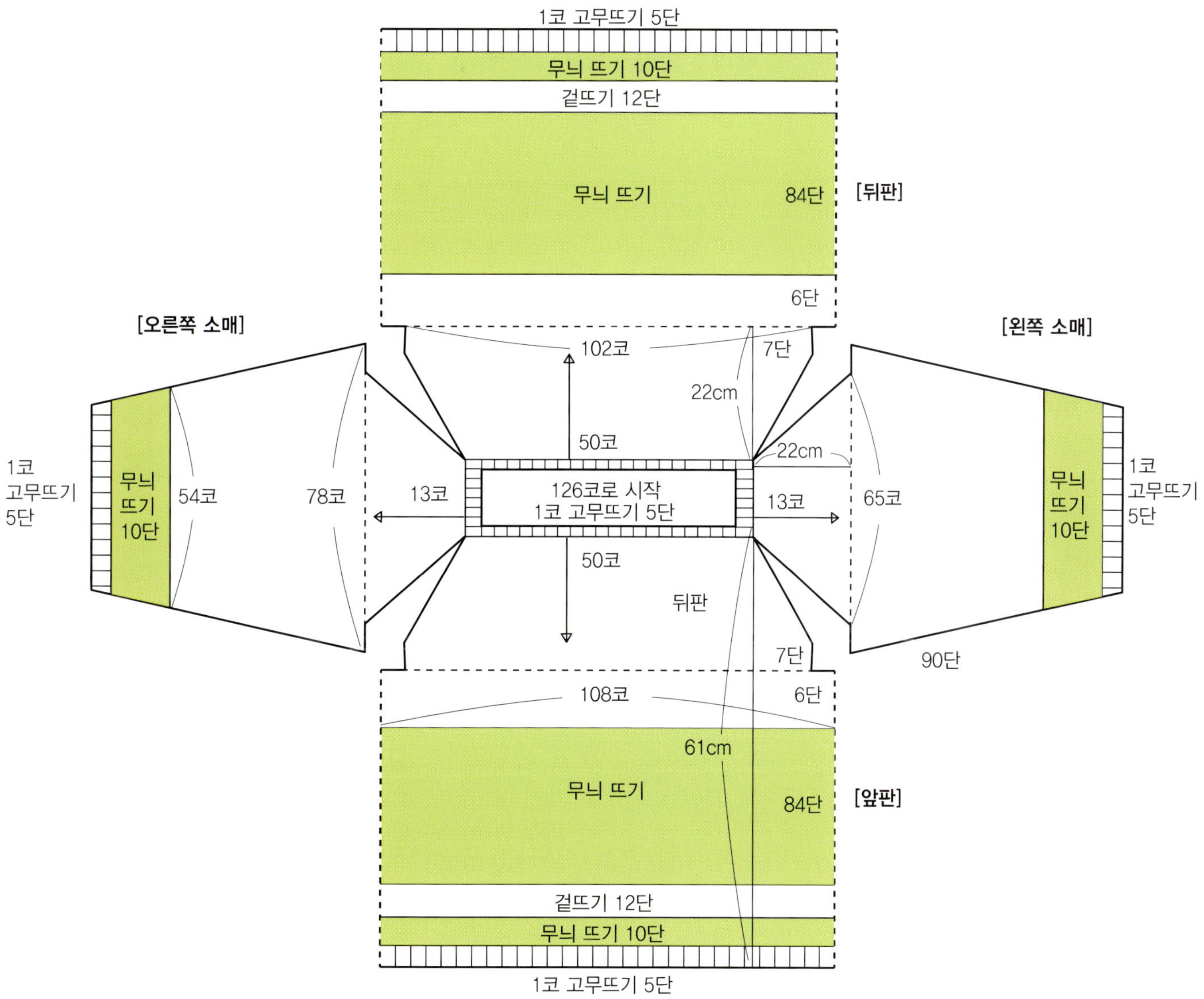
1코 고무뜨기 5단
무늬 뜨기 10단
겉뜨기 12단
무늬 뜨기
84단
[뒤판]
6단
[오른쪽 소매]
[왼쪽 소매]
102코
7단
22cm
무늬
뜨기
10단
54코
78코
13코
126코로 시작
1코 고무뜨기 5단
13코
65코
무늬
뜨기
10단
1코
고무뜨기
5단
1코
고무뜨기
5단
50코
22cm
50코
뒤판
90단
7단
108코
6단
61cm
무늬 뜨기
84단
[앞판]
겉뜨기 12단
무늬 뜨기 10단
1코 고무뜨기 5단

7 P

사용실과 사용량 : 빅토리아 821번 앤티크베이지 50g 11볼

사용 도구 : 4mm 대바늘

사이즈 : 가슴둘레 128cm, 앞판 길이 63cm, 뒤판 길이 68cm, 소매 43cm

Tip : 뒤판을 좀 더 길게 하여 힙을 가리면서도 박시한 스타일입니다. 슬림한 소매도 포인트가 됩니다.

뜨는 법

1. 4mm 대바늘로 113코를 만들어 1코 고무뜨기를 한다(앞판, 뒤판을 그림 도안대로 떠준다).

2. 앞판, 뒤판을 다 뜨고 나서 어깨를 연결하고 암홀단에서 64코를 주어서 소매를 떠준다. 고무단 코막음 후에 소매 옆선과 몸판을 연결한다.

3. 목둘레에서 앞쪽 57코, 뒷쪽 47코, 104코를 주워서 첫 단은 안뜨기를 하고, 두 번째 단부터는 1코 고무뜨기를 9단 하고 코막음을 한다.

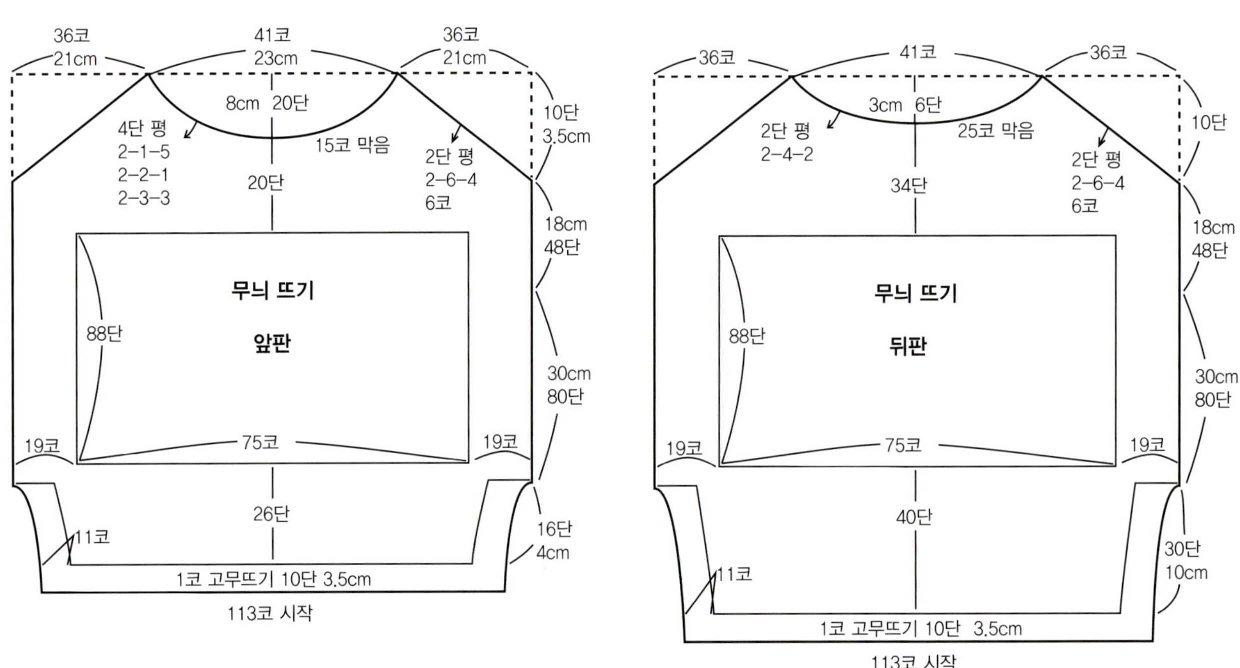

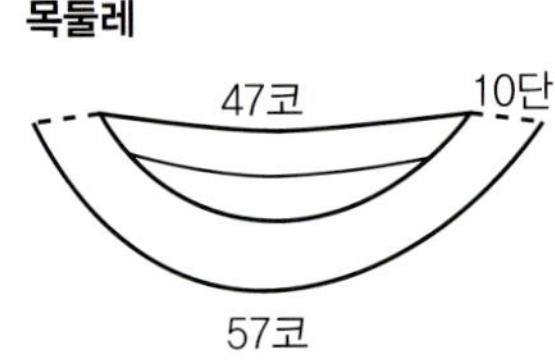

1단은 안뜨기로 뜨고,
9단은 1코 고무뜨기로 떠 준다.

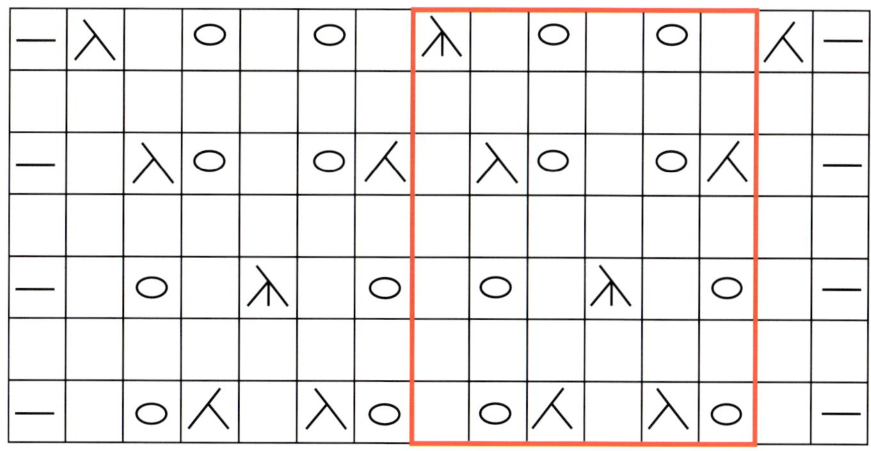

— : 안뜨기　　　○ : 바늘비우기　　　人 : 왼코 모아 2코 뜨기　　　ㅅ : 오른코 3코 모아뜨기　　　ㅅ : 오른코 겹쳐 2코 뜨기

무늬 차트

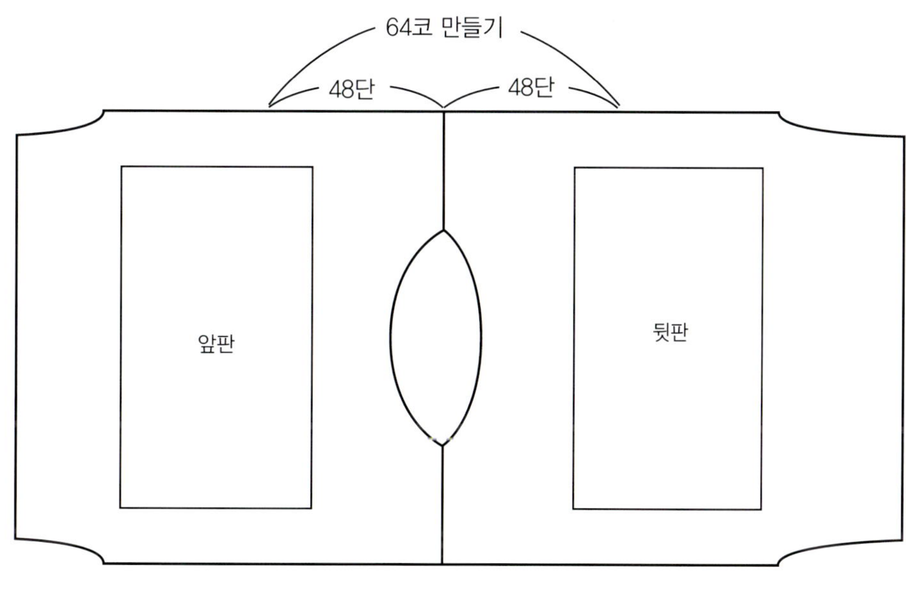

소매코 만들기

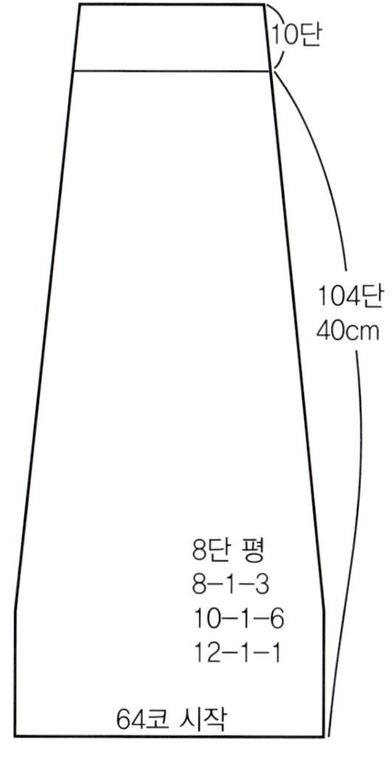

소매

KNIT LOVE WORKSHOP
BLEND

김미란 | 그린

8P

사용실과 사용량 : 실키프란 111번 350g

사용 도구 : 4mm, 6mm 대바늘

사이즈 : 품 110cm, 길이 65cm, 아이코드(벨트) 140cm

Tip : 요크 무늬를 먼저 떠 놓고 위에서 아래로 몸판을 뜨고 neck은 아래에서 위로 진행합니다.

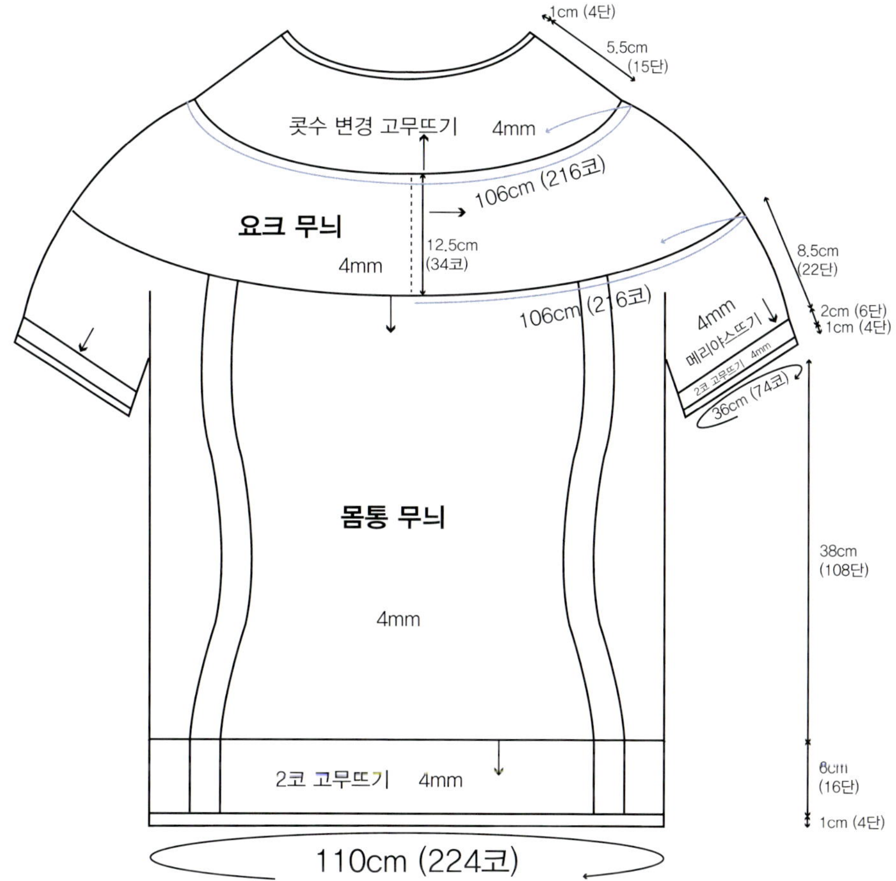

요크 만들기

1. 코바늘로 사슬 35코 만들어 사슬에서 4mm 대바늘로 34코 주워 무늬뜨기하면서 12무늬(108cm)를 한 후 안전핀에 걸어 둔다(312단).

2. 코바늘 사슬을 풀어내고 처음과 마지막을 돗바늘로 메리야스잇기한다. 원통으로 완성된다.

몸통과 소매 만들기

1. 4mm 대바늘로 요크의 이어진 중심 부분 겉면에서 매단마다 코를 주우면 312코가 되므로, 13단 줍고 한 단 걸러 줍기 4회(52코), 14단 줍고 한 단 걸러 줍기 1회(14코), 13단 줍고 한 단 걸러 줍기 5회(65코), 14단 줍고 한 단 걸러 줍기 1회(14코), 하면 145코를 2회 한다.
  ※ 52코 + 14코 + 65코 + 14코 = 145코를 2회 하면 290코 된다.

2. (뒤중심) 31코 겉뜨기, 안뜨기 1코, 겉뜨기 6코, 안뜨기 1코, (소매 부분) 68코 겉뜨기, 안뜨기 1코, 겉뜨기 6코, 안뜨기 1코, (앞몸판) 61코 겉뜨기, 안뜨기 1코, 겉뜨기 6코, 안뜨기 1코, (소매 부분) 68코 겉뜨기, 안뜨기 1코, 겉뜨기 6코, 안뜨기 1코, (뒤판 남은 코) 30코 겉뜨기, 중간에 꽈배기무늬하면서 원통으로 16단 뜬다.

요크벨트 튜닉 무늬 도안

옆선무늬
목둘레 줄임 도안
6코 1무늬
몸통 도안(원통 뜨기)
반복 무늬
반복 무늬
ㅣ : 겉뜨기
빈칸 : 겉뜨기
26단
34코
4코 3코 2코 1코
요크 무늬 34코
3코 중 2코를 꽈배기 바늘에 걸어 겉면으로 빼놓고 남은 1코 안뜨기한 후 꽈배기 바늘의 2코를 겉뜨기한다.
3코 중 2코를 꽈배기 바늘에 걸어 겉면으로 빼놓고 남은 1코 겉뜨기한 후 꽈배기 바늘의 2코를 겉뜨기한다.
3코 중 1코를 꽈배기 바늘에 걸어 뒷면으로 빼놓고 남은 2코 겉뜨기한 후 꽈배기 바늘의 1코를 겉뜨기한다.
3코 중 1코를 꽈배기 바늘에 걸어 뒷면으로 빼놓고 남은 2코 겉뜨기한 후 꽈배기 바늘의 1코를 안뜨기한다.
왼코 겹치기
오른코 겹치기
가로로 건네는 실 감아 떠서 늘리기
3코 꽈배기무늬

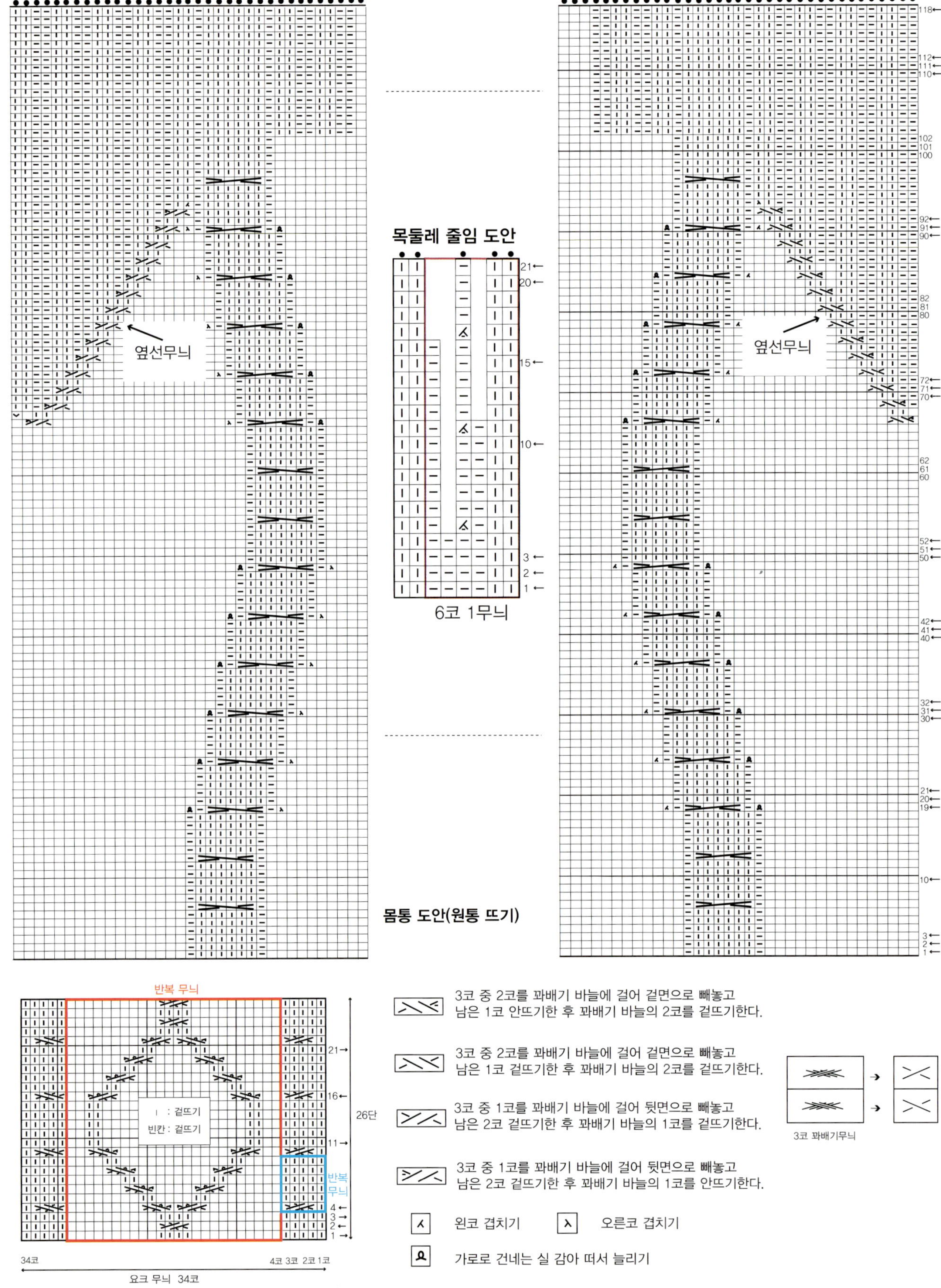

소매와 몸통 분리하기

1. 뒤중심에서 47코(뒤판 반 정도) 뜬 후 별도의 바늘에 52코 걸어두고, 코바늘로 사슬 20코 만들어 19코 줍고, 앞판 93코 뜬 후 별도의 바늘에 52코 걸어두고, 코바늘로 사슬 20코 만들어 19코 줍고, 46코(뒤판 반) 뜬다(224코).

2. 224코를 원통으로 분리한다.

몸통 만들기

1. 224코를 몸통 무늬와 옆선 무늬를 보면서 88단 뜬다.

2. 2코 고무뜨기 16단을 뜬다.

3. 메리야스뜨기 4단 후 코막음한다.

소매 만들기

1. 별도의 바늘에 걸린 52코와 사슬을 풀어낸 20코와 사슬 풀어낸 양쪽 한 코씩 2코를 추가로 만든다.

2. 74코로 메리야스 6단, 2코 고무뜨기 5단, 메리야스 4단 뜬 다음 코막음한다.

목 뜨기

1. 요크 부분 뒤중심에서 4mm 대바늘로 단을 다 주우면 312코가 되므로, (2단 줍고 한 단 걸러 줍기 4회, 1단 줍기) 24회 반복 주우면 총 216코를 줍는다.
   ※ 9코씩 줍기 24회(216코)

2. 겉뜨기 2코, 안뜨기 4코, 4단 뜨고, 5단째 안뜨기 4코 중 1코 줄이고, 9단째 안뜨기 3코 중 1코 줄이고, 11단째 안뜨기 2코 중 1코 줄이고, 2코 겉뜨기, 1코 안뜨기로 4단 뜬다.

3. 메리야스 4단 뜬 후 코막음한다.

소매 만들기

1. 4mm 대바늘로 일반코 잡기로 50코 만들어 2코 고무뜨기 16단을 뜬다.

2. 4.5mm 대바늘로 무늬뜨기하면서 도안 참고하여 늘리면서 90단 뜬다.

3. 소매산 줄임을 도안대로 한 후 12코 막음한다.

마무리하기

1. 앞, 뒤 옆선을 돗바늘로 꿰맨다.

2. 어깨 양끝으로 11코씩 돗바늘로 꿰맨다.

3. 소매 옆선 돗바늘로 꿰맨 다음 몸통 진동에 잇는다.

아이코드 끈 만들기

1. 6mm 대바늘에 일반코 잡기 5코 만들어 겉뜨기 한 단 한다.

2. 다시 처음코로 바늘을 움직여서 실이 반대쪽에 있지만 그대로 끌어서 겉뜨기한다.

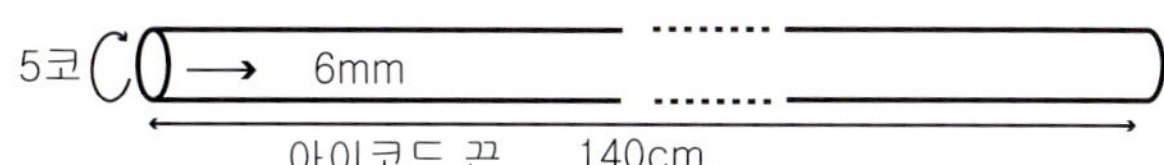

3. 2를 반복해서 140cm까지 뜬 다음, 코막음한다.
   ※ 끈으로 사용하면 늘어난다. 뜨고 나서 길이 재는 방법은 약간 당겨서 늘어난 길이로 잰다.

9P

사용실과 사용량 : 실키프란 111번 300g

사용 도구 : 3.5mm, 4mm 대바늘

사이즈 : 품 96cm, 길이 69cm

Tip : 소매단을 따로 뜨지 않고 뜨면서 진동을 고무단 안쪽 몸판에서 코줄임하고
이때, 고무뜨기 가장자리 끝코는 걸러뜨기에 주의하세요.

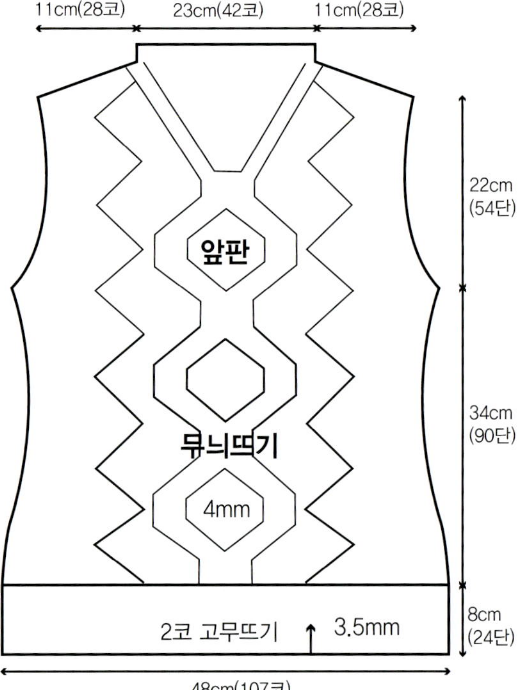

뒤판 만들기

1. 3.5mm 대바늘로 일반코 잡기로 107코 만들어 2코 고무뜨기(중앙 3코는 겉뜨기) 24단 뜬다.

2. 4mm 대바늘로 메리야스뜨기한다.

3. 도안 참고하여 허리라인 줄였다. 늘려주면서 88단 뜬다.

4. 겨드랑이 줄임을 8코 안쪽에서 8코를 도안 참고하여 줄이면서 52단 뜬다.

5. 목 부분 36코 양쪽으로 감아코 만들기로 1코씩 만들어 38코를 2코 고무뜨기 6단 뜬다.

앞판 만들기

1. 3.5mm 대바늘로 일반코 잡기로 107코 만들어 2코 고무뜨기(중앙 3코는 겉뜨기) 24단 뜬다.

2. 4mm 대바늘로 첫 단에 도안 참고하여 6코 늘려 무늬뜨기하면서 허리라인 줄였다. 늘려주면서 90단 뜬다(113코).

3. 겨드랑이 줄임을 8코 안쪽에서 8코를 도안 참고하여 줄이면서 52단 뜬다.

4. 목 부분 40코 양쪽으로 감아코 만들기로 1코씩 만들어 42코를 2코 고무뜨기 6단 뜬다.

마무리하기

1. 앞판과 뒤판을 겉에서 돗바늘로 잇기한다.

2. 어깨 경사 부분과 목 부분을 연결하여 완성한다.

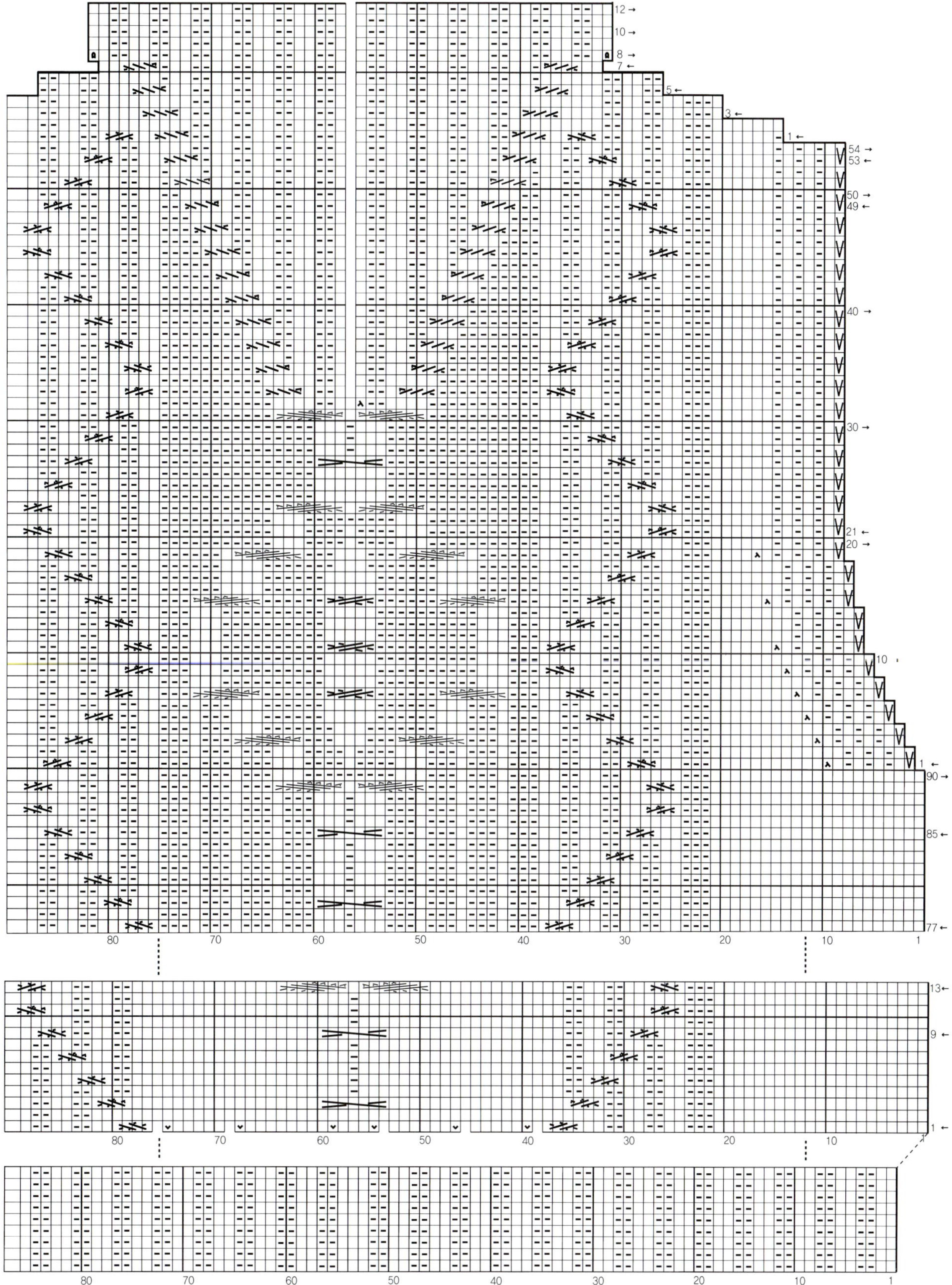

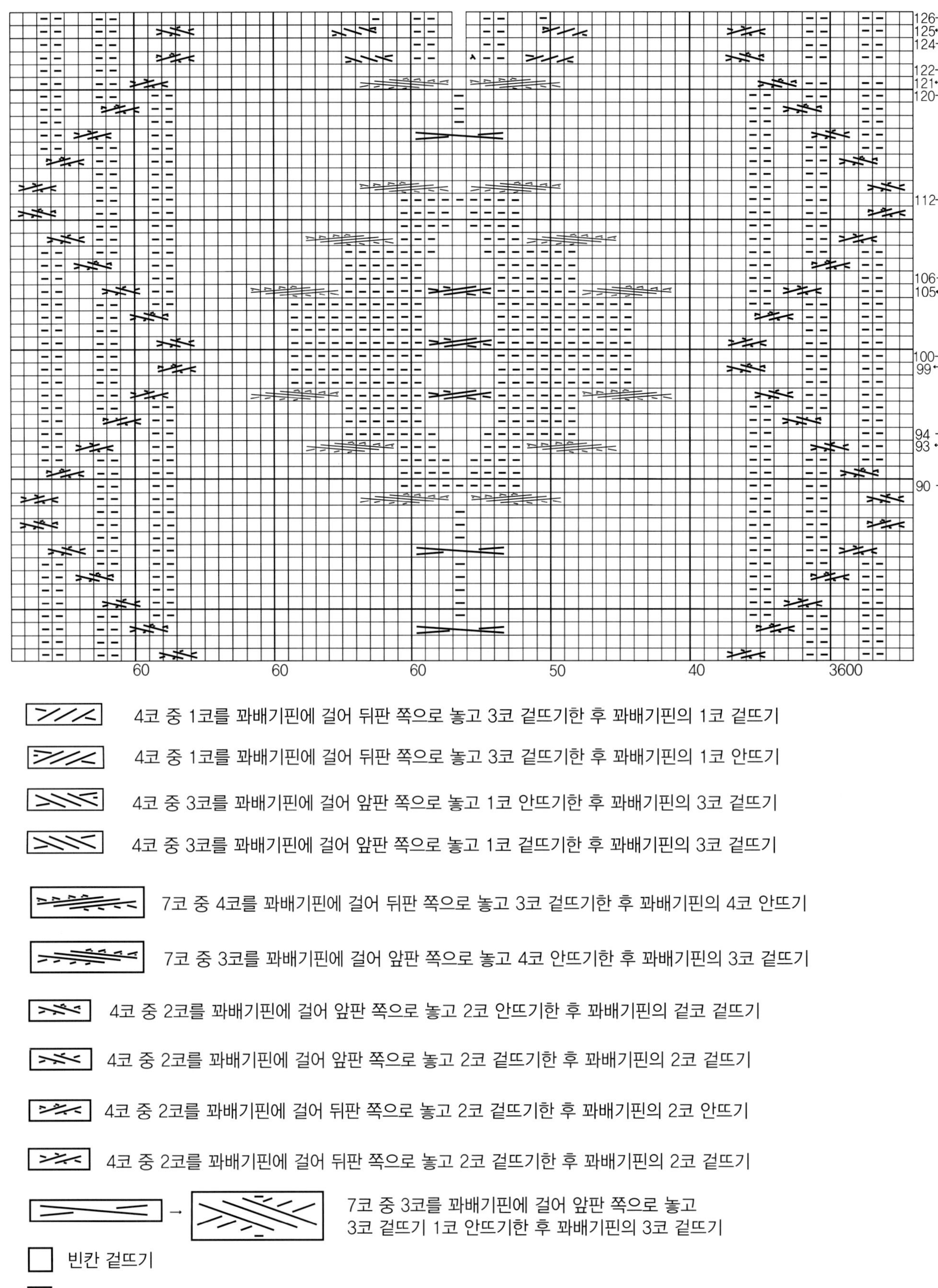

4코 중 1코를 꽈배기핀에 걸어 뒤판 쪽으로 놓고 3코 겉뜨기한 후 꽈배기핀의 1코 겉뜨기

4코 중 1코를 꽈배기핀에 걸어 뒤판 쪽으로 놓고 3코 겉뜨기한 후 꽈배기핀의 1코 안뜨기

4코 중 3코를 꽈배기핀에 걸어 앞판 쪽으로 놓고 1코 안뜨기한 후 꽈배기핀의 3코 겉뜨기

4코 중 3코를 꽈배기핀에 걸어 앞판 쪽으로 놓고 1코 겉뜨기한 후 꽈배기핀의 3코 겉뜨기

7코 중 4코를 꽈배기핀에 걸어 뒤판 쪽으로 놓고 3코 겉뜨기한 후 꽈배기핀의 4코 안뜨기

7코 중 3코를 꽈배기핀에 걸어 앞판 쪽으로 놓고 4코 안뜨기한 후 꽈배기핀의 3코 겉뜨기

4코 중 2코를 꽈배기핀에 걸어 앞판 쪽으로 놓고 2코 안뜨기한 후 꽈배기핀의 겉코 겉뜨기

4코 중 2코를 꽈배기핀에 걸어 앞판 쪽으로 놓고 2코 겉뜨기한 후 꽈배기핀의 2코 겉뜨기

4코 중 2코를 꽈배기핀에 걸어 뒤판 쪽으로 놓고 2코 겉뜨기한 후 꽈배기핀의 2코 안뜨기

4코 중 2코를 꽈배기핀에 걸어 뒤판 쪽으로 놓고 2코 겉뜨기한 후 꽈배기핀의 2코 겉뜨기

7코 중 3코를 꽈배기핀에 걸어 앞판 쪽으로 놓고 3코 겉뜨기 1코 안뜨기한 후 꽈배기핀의 3코 겉뜨기

빈칸 겉뜨기

오른코 겹쳐뜨기

안뜨기

10^P

사용실과 사용량 : 빈센트 레드 2740번 230g, 키드모헤어 533번 40g
사용 도구 : 4mm, 5mm 대바늘
사이즈 : 품 100cm, 길이 55cm

Tip : 어깨 경사 부분을 앞뒤판 합쳐 원통뜨기를 했는데 힘들면 앞뒤판을 각자 따로 떠서 어깨선을 이어도 됩니다.

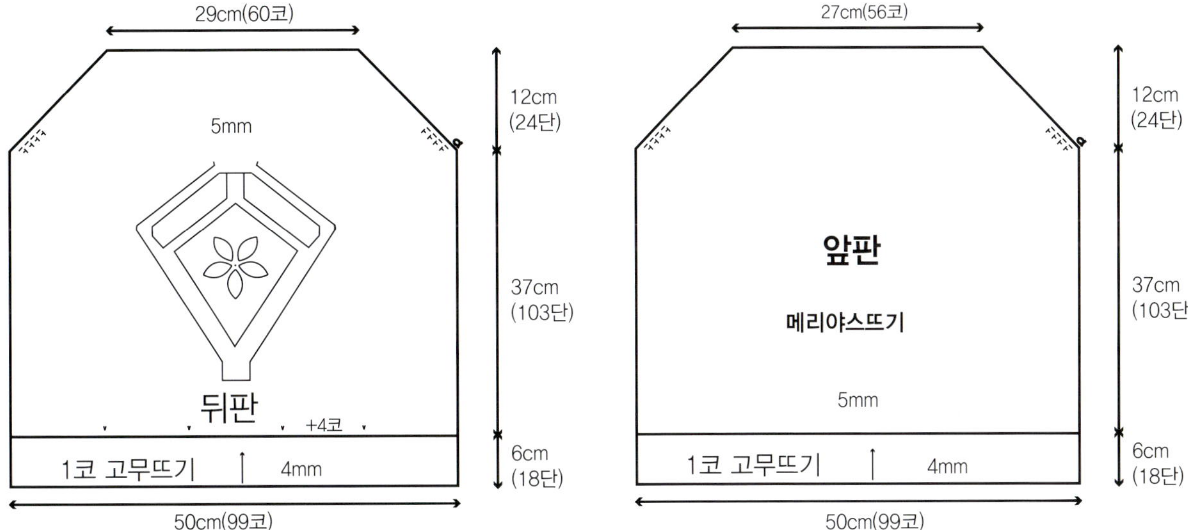

뒤판 만들기

1. 4mm 대바늘로 일반코 잡기로 99코 만들어 1코 고무뜨기 18단 한다.

2. 5mm 대바늘로 메리야스뜨기 첫 단에 4코 늘린다. 20코에서 1코 늘리기 2회, 19코에서 1코 늘리기 1회 20코에서 1코 늘리기 1회, 20코뜨기(103코)

3. 메리야스뜨기 9단 뜨고 무늬 도안 참고하여 103단까지 뜨고 다른 바늘에 걸어 둔다.

앞판 만들기

1. 4mm 대바늘로 일반코 잡기로 99코 만들어 1코 고무뜨기 18단 한다.

2. 5mm 대바늘로 메리야스뜨기 103단까지 뜨고 다른 바늘에 걸어 둔다.

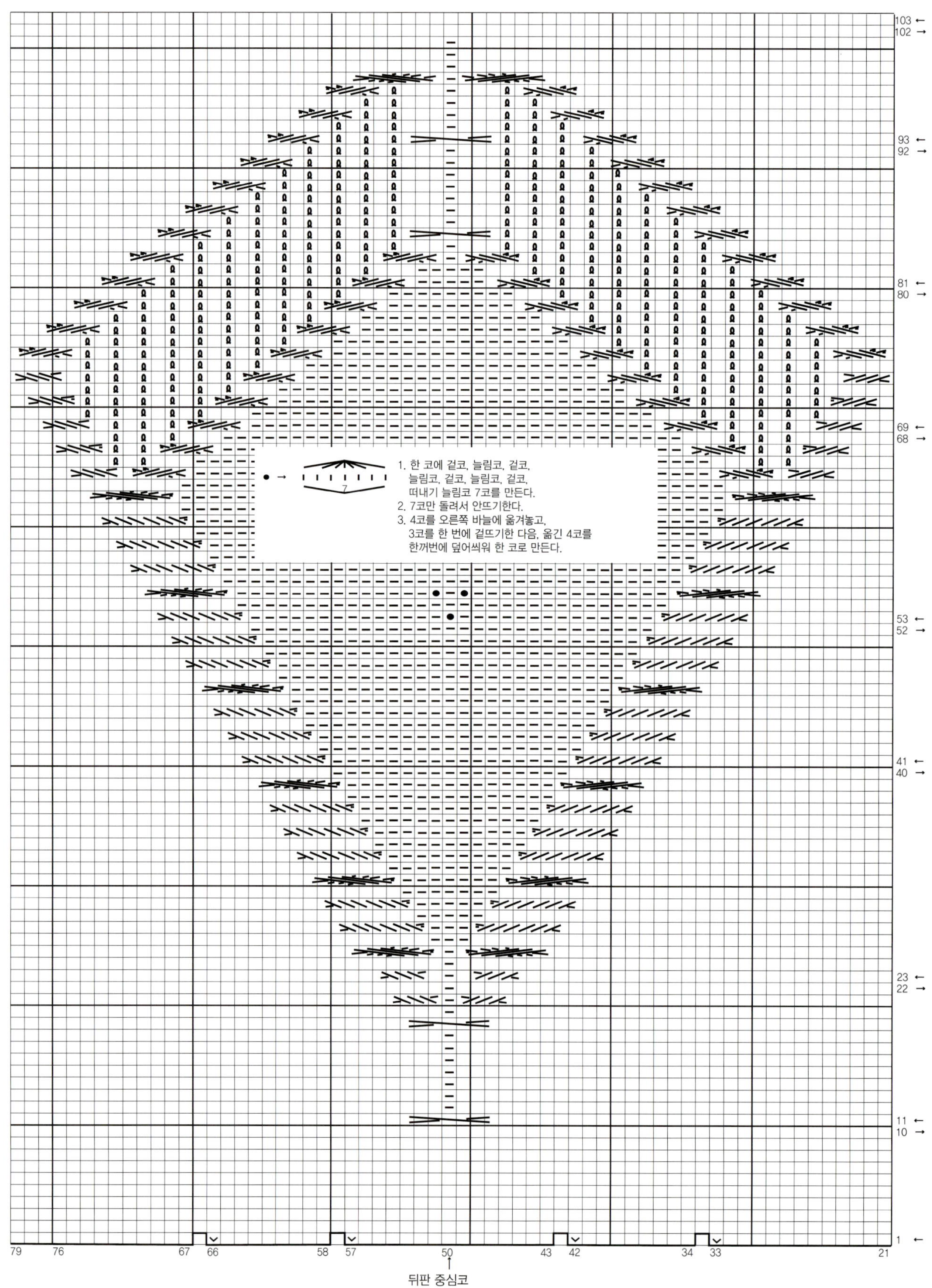
1. 한 코에 겉코, 늘림코, 겉코,
늘림코, 겉코, 늘림코, 겉코,
떠내기 늘림코 7코를 만든다.
2. 7코만 돌려서 안뜨기한다.
3. 4코를 오른쪽 바늘에 옮겨놓고,
3코를 한 번에 겉뜨기한 다음, 옮긴 4코를
한꺼번에 덮어씌워 한 코로 만든다.
7
뒤판 중심코

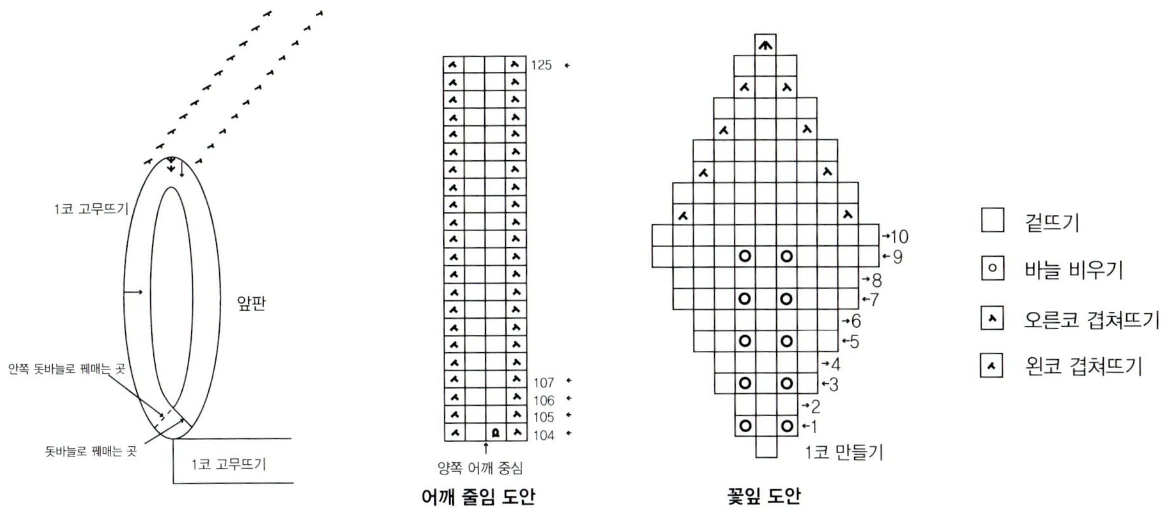

5코 중 2코를 꽈배기핀에 걸어 뒤판 쪽으로 놓고 3코 겉뜨기한 후 꽈배기핀의 2코 안뜨기

5코 중 3코를 꽈배기핀에 걸어 앞판 쪽으로 놓고 2코 안뜨기한 후 꽈배기핀의 3코 겉뜨기

7코 중 1코를 꽈배기핀에 걸어 뒤판 쪽으로 놓고 6코 겉뜨기한 후 꽈배기핀의 1코 안뜨기

7코 중 6코를 꽈배기핀에 걸어 앞판 쪽으로 놓고 1코 안뜨기한 후 꽈배기핀의 6코 겉뜨기

7코 중 4코를 꽈배기핀에 걸어 뒤판 쪽으로 놓고 3코 겉뜨기한 후 꽈배기핀의 3코 겉뜨기, 1코 안뜨기

7코 중 3코를 꽈배기핀에 걸어 앞판 쪽으로 놓고 1코 안뜨기, 3코 겉뜨기한 후 꽈배기핀의 3코 겉뜨기

4코 중 1코를 꽈배기핀에 걸어 뒤판 쪽으로 놓고 3코 겉뜨기한 후 꽈배기핀의 1코 겉뜨기

4코 중 3코를 꽈배기핀에 걸어 앞판 쪽으로 놓고 1코 겉뜨기한 후 꽈배기핀의 3코 겉뜨기

4코 중 3코를 꽈배기핀에 걸어 앞판 쪽으로 놓고 1코 안뜨기한 후 꽈배기핀의 3코 겉뜨기

4코 중 3코를 꽈배기핀에 걸어 앞판쪽으로 놓고 1코 겉뜨기한 후 꽈배기핀의 3코 겉뜨기

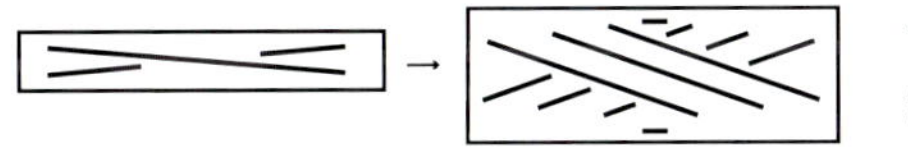 7코 중 3코를 꽈배기핀에 걸어 앞판 쪽으로 놓고
3코 겉뜨기 1코 안뜨기 한 후 꽈배기핀의 3코 겉뜨기

어깨 경사 만들기

1. 5mm 대바늘로 뒤판 103코 뜨고 앞판 99코를 원통뜨기로 할 때 감아코 1코 늘리고, 뒤판 103코 뜨고, 감아코 1코 늘리고, 앞판 99코 1단 뜬다(204코).

2. 2단째부터 양쪽 어깨를 매단마다 도안 참고하여 22회 한다.

3. 116코가 남으면 코막음으로 마무리한다.

소매단 만들기

1. 4mm 대바늘로 고무단 제외한 뒤판, 앞판 둘레에서 코를 만든다.

2. 뒤판, 앞판 다 주우면 206코가 되므로 2단 줍고 한 단 걸러 줍기 19회(38코), 3단 줍고 한 단 걸러 줍기 23회(69코), 2단 줍고 한 단 걸러 줍기 19회(38코)해서 145코 만든다.

3. 어깨에 겉뜨기 한 코를 2단마다 중심 모아뜨기하여 12단 뜬 후 돗바늘로 마무리한다.

4. 소매단 아래는 서로 겹치게 하여 꿰매준다.

11P

사용실과 사용량 : 빈센트리치 6656번 400g

사용 도구 : 4mm, 4.5mm 대바늘

사이즈 : 품 86cm, 뒤길이 66cm, 앞길이 62cm

Tip : 앞판 구멍무늬라 신축성이 아주 좋아 품이 넉넉합니다. 어깨 고무단을 붙여놓고 소매를 이을 때 고무단 결이 흐트러지지 않게 주의해서 잇습니다. 넥 1코 고무뜨기라 좁은 듯 보여도 세탁 후 무늬가 펴지면서 넓어집니다.

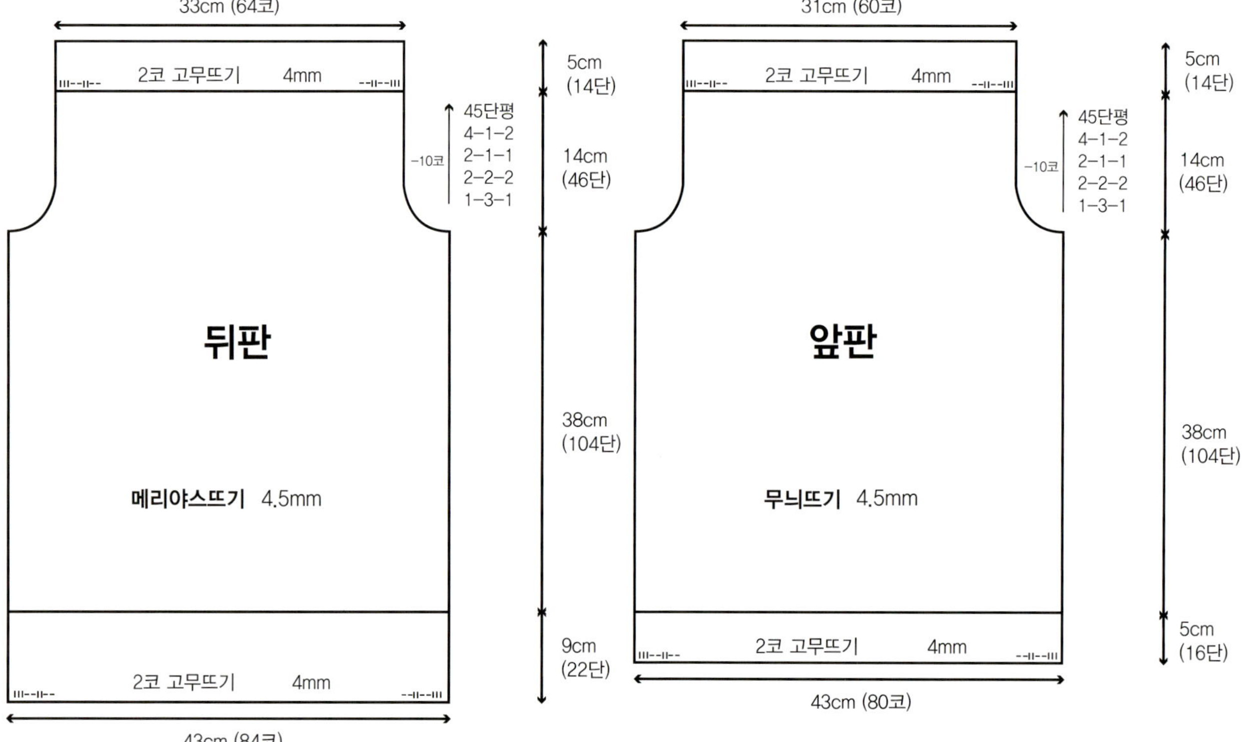

뒤판 만들기

1. 4mm 대바늘로 일반코 잡기로 84코 만들어 2코 고무뜨기 6단은 첫 코 걸러 뜬다.

2. 16단은 걸러 뜨지 않고 2코 고무뜨기 한다.

3. 4.5mm 대바늘로 메리야스뜨기 104단 한다.

4. 도안 참고하여 진동 줄임하고 31단 뜬다.

5. 4mm 대바늘로 2코 고무뜨기 14단 뜨고 돗바늘로 마무리한다.

앞판 만들기

1. 4mm 대바늘로 일반코 잡기로 80코 만들어 2코 고무뜨기 16단 뜬다.

2. 4.5mm 대바늘로 도안 참고하여 무늬뜨기하며 104단 뜬다.

3. 도안 참고하여 진동 줄임하고 31단 뜬다.

4. 4mm 대바늘로 2코 고무뜨기 14단 뜨고 돗바늘로 마무리한다.

EAST 앞판 소매 무늬 도안

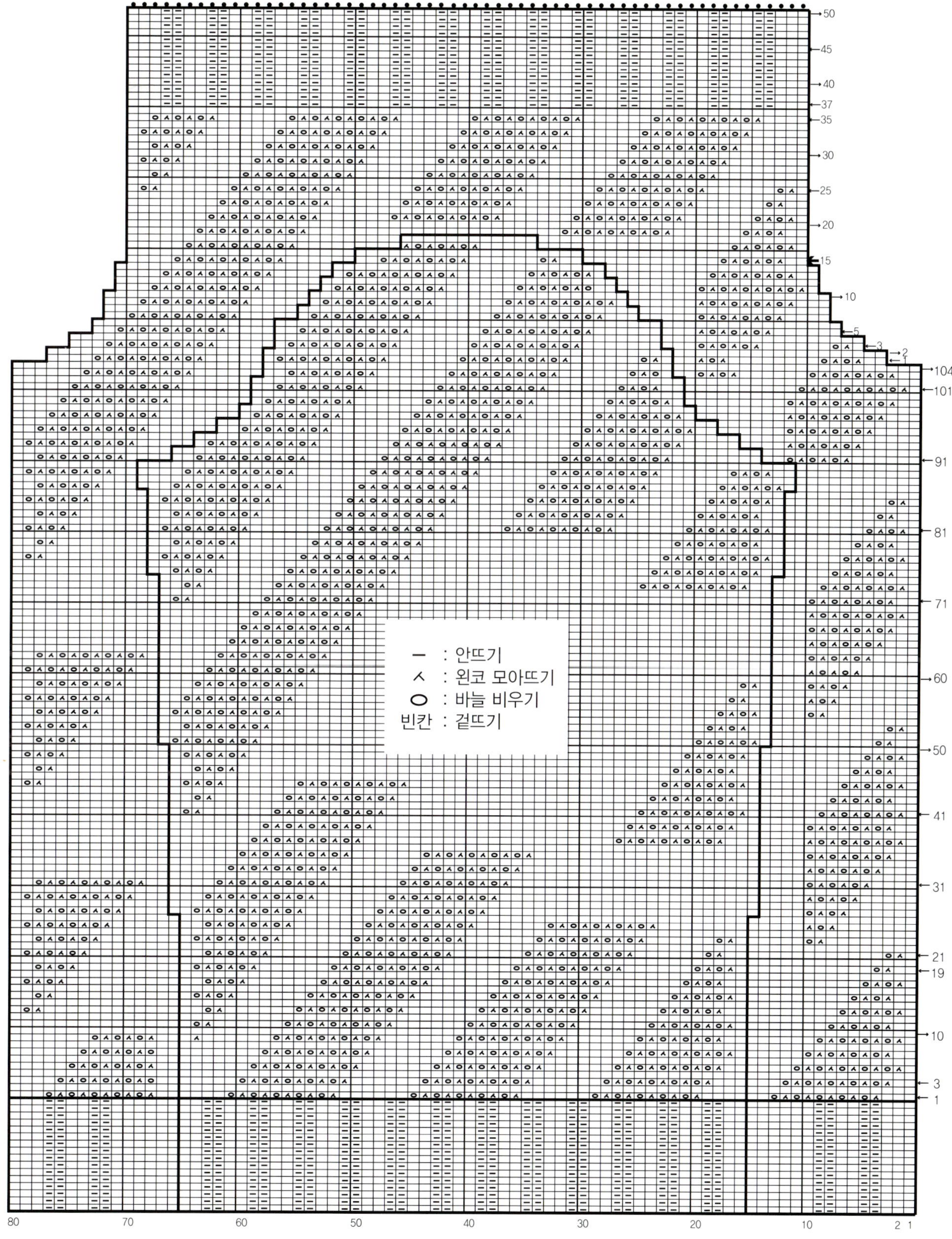
─ : 안뜨기
ㅅ : 왼코 모아뜨기
○ : 바늘 비우기
빈칸 : 겉뜨기

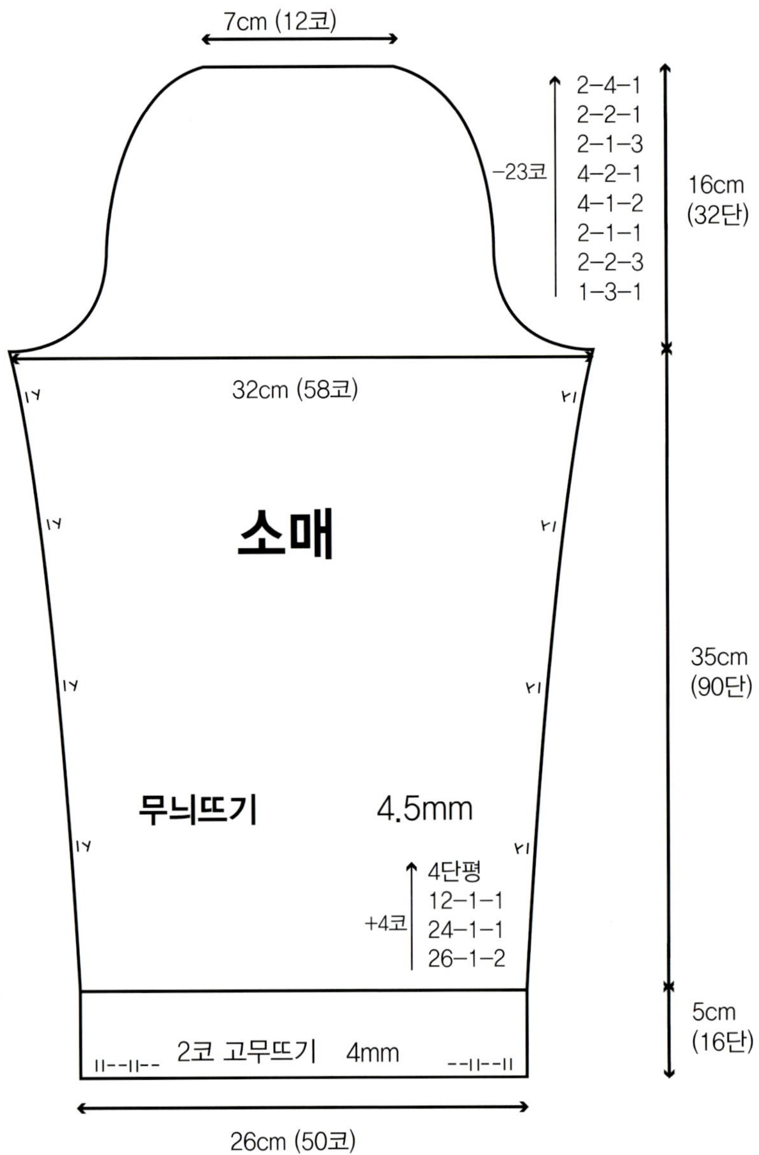

소매 만들기

1. 4mm 대바늘로 일반코 잡기로 50코 만들어 2코 고무뜨기 16단 뜬다.

2. 4.5mm 대바늘로 무늬뜨기하면서 무늬 도안 참고하여 늘리면서 90단 뜬다.

3. 소매산 줄임을 도안대로 한 후 12코 막음한다.

마무리하기

1. 앞, 뒤 옆선을 앞 고무단까지만 돗바늘로 꿰맨다.

2. 어깨 양끝으로 11코씩 돗바늘로 꿰맨다.

3. 소매 옆선 돗바늘로 꿰맨 다음 몸통 진동에 꿰맨다.

KNIT LOVE WORKSHOP
BLEND

함귀화 | 실뭉치

작가 이력
2009년부터 낙양모사 객원디자이너 활동
2010년 소품집 수록
2010년 소품 공모전 특별상
2010년 연일섬유 초청작

12^P

사용실과 사용량 : 알파카찬테 5번 160g, 빈센트 2744번 140g, 키드모헤어 512번 60g,
빈센트 2749번 270g, 키드모헤어 52번 110g

사용 도구 : 4.5mm 줄바늘, 4mm 막대바늘 2개

사이즈 : 66사이즈, 가슴둘레 90cm, 길이 68cm, 소매 49cm

Tip : 코를 뜨지 않고 건네는 실은 당기지 않게 여유롭게 해주세요.

뒤판

시작코는 모두 손가락에 걸어 만드는 일반코잡기로 한다.

1. 녹색 실(빈센트 2겹, 키드모헤어를 합사하여 3겹으로)로 4.5mm 바늘을 이용하여 104코를 잡아 가터뜨기로 3단 뜬다(4단).

2. 5단째-보라색 실(알파카찬테, 빈센트, 키드모헤어를 합사하여 3겹으로)로 겉뜨기 6코 하고 [녹색의 2코는 뜨지 않고 그대로 오른쪽 바늘에 옮긴다. (걸러뜨기) 8코 겉뜨기]를 9회 반복하고 2코 걸러뜨기 6코 겉뜨기를 해준다.

3. 안쪽 단에서도 걸러뜨기코는 모두 걸러뜨기한다.

4. 왕복 4단을 뜬다(8단).

5. 9단째-녹색 실로 가터뜨기 4단을 걸러뜬 부분도 뜬다(12단).

6. 13단째-1코 겉뜨기 2코 걸러뜨기 8코 겉뜨기 반복하고 마지막 2코 걸러뜨기 1코 겉뜨기

7. 10코 16단 한 무늬이므로 계속 반복하며 도안을 참고하여 뜬다.

8. 소매와 앞판은 도안을 참조하여 뜬다.

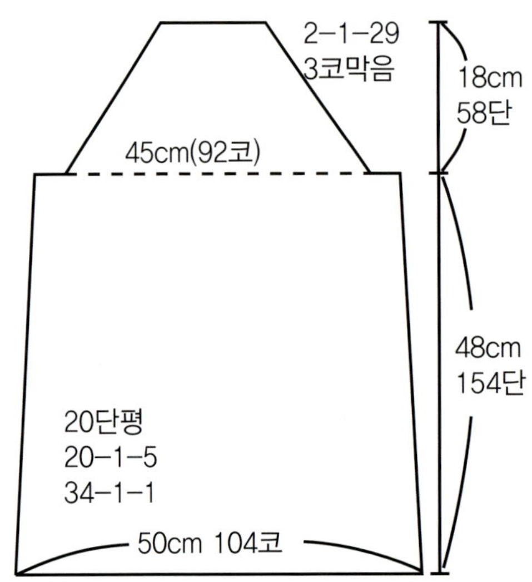

뒤판

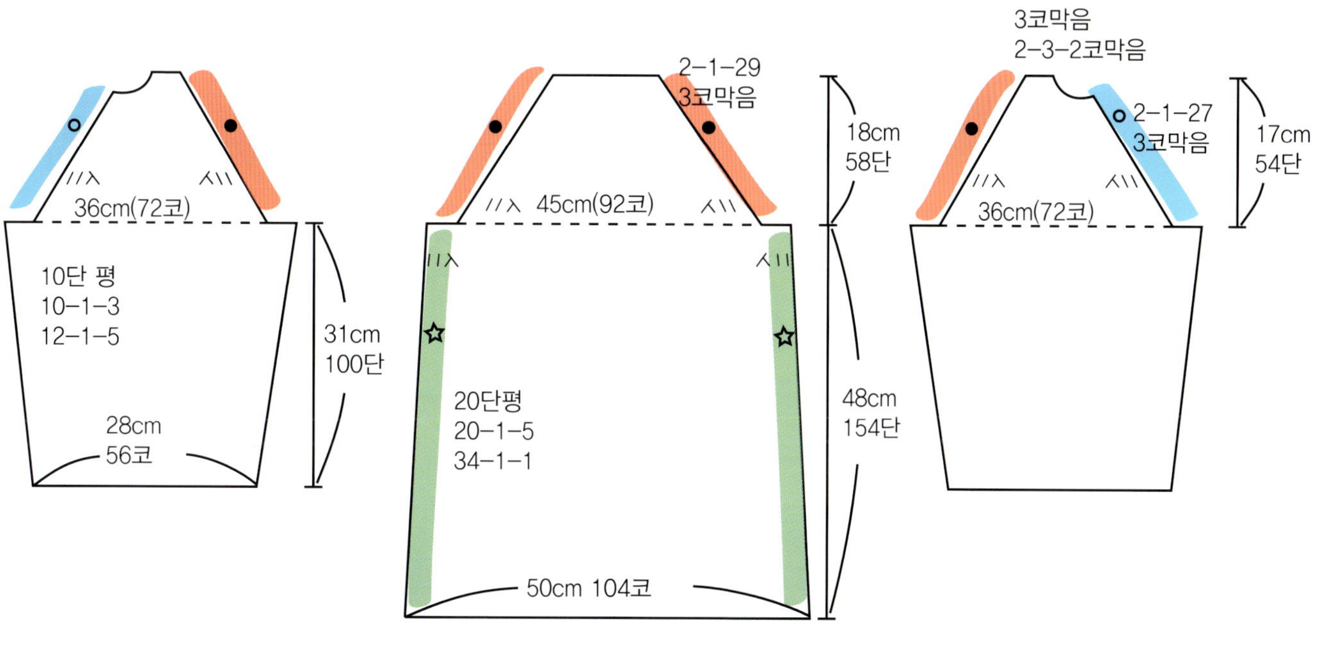

왼쪽 소매   뒤판   오른쪽 소매

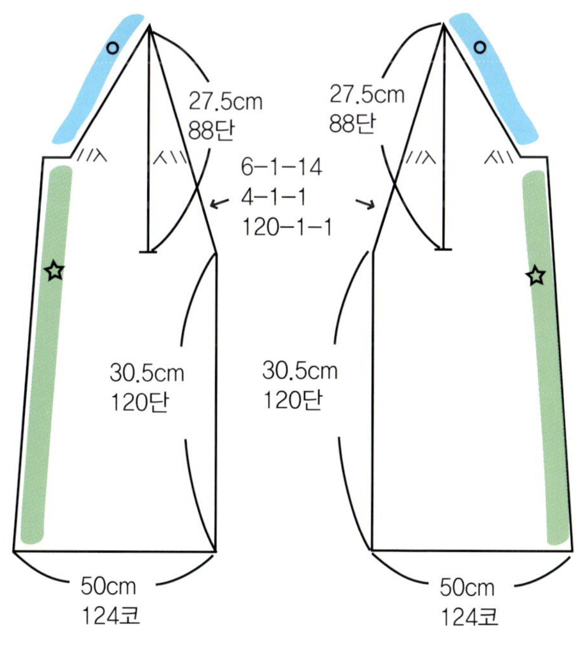

오른쪽 앞판   왼쪽 앞판

전체 도안

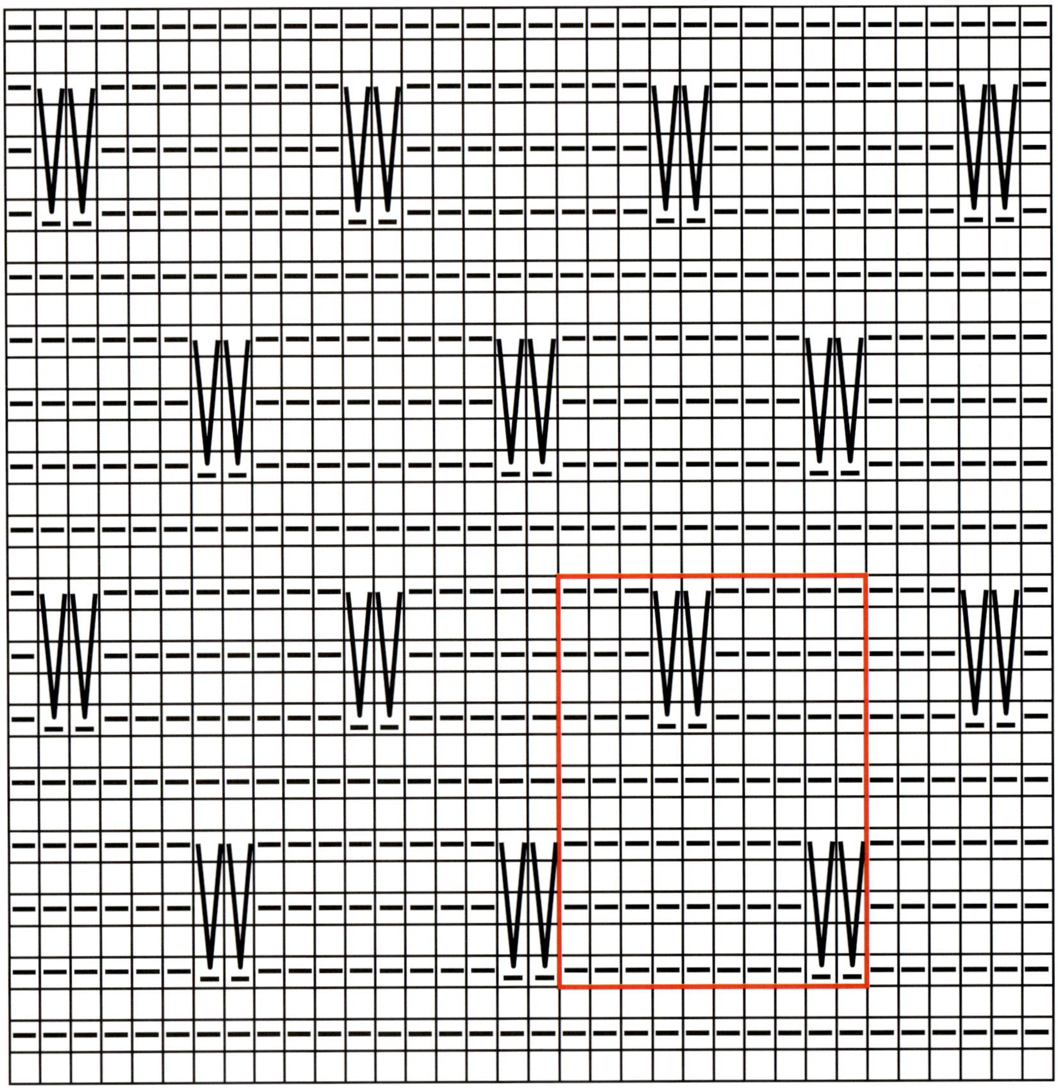

무늬 도안

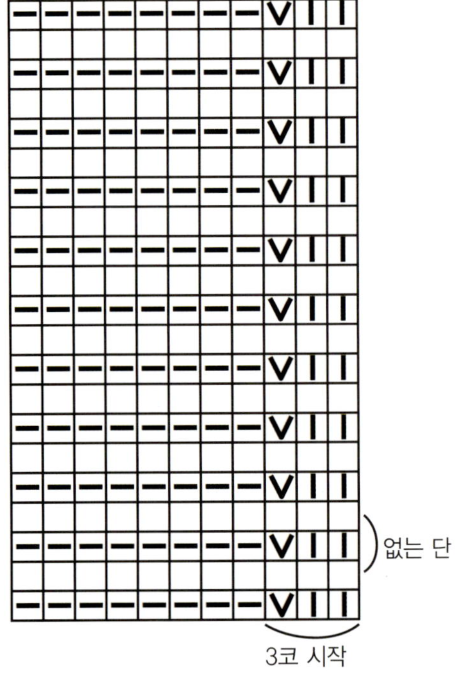

앞단 아이코드

단 둘레 뜨기

1. 4mm 막대 바늘로 3코를 잡아서 아이코드뜨기를 한다.

2. 2코 뜨고 3코째의 코를 오른쪽 앞판의 가장자리코 안뜨기코에 덮어 씌우는 방법으로 왼쪽 앞판 끝까지 뜬다(안뜨기코에만 덮어씌움).

3. 뒤판 코막음 부분은 매코마다 덮어씌운다.

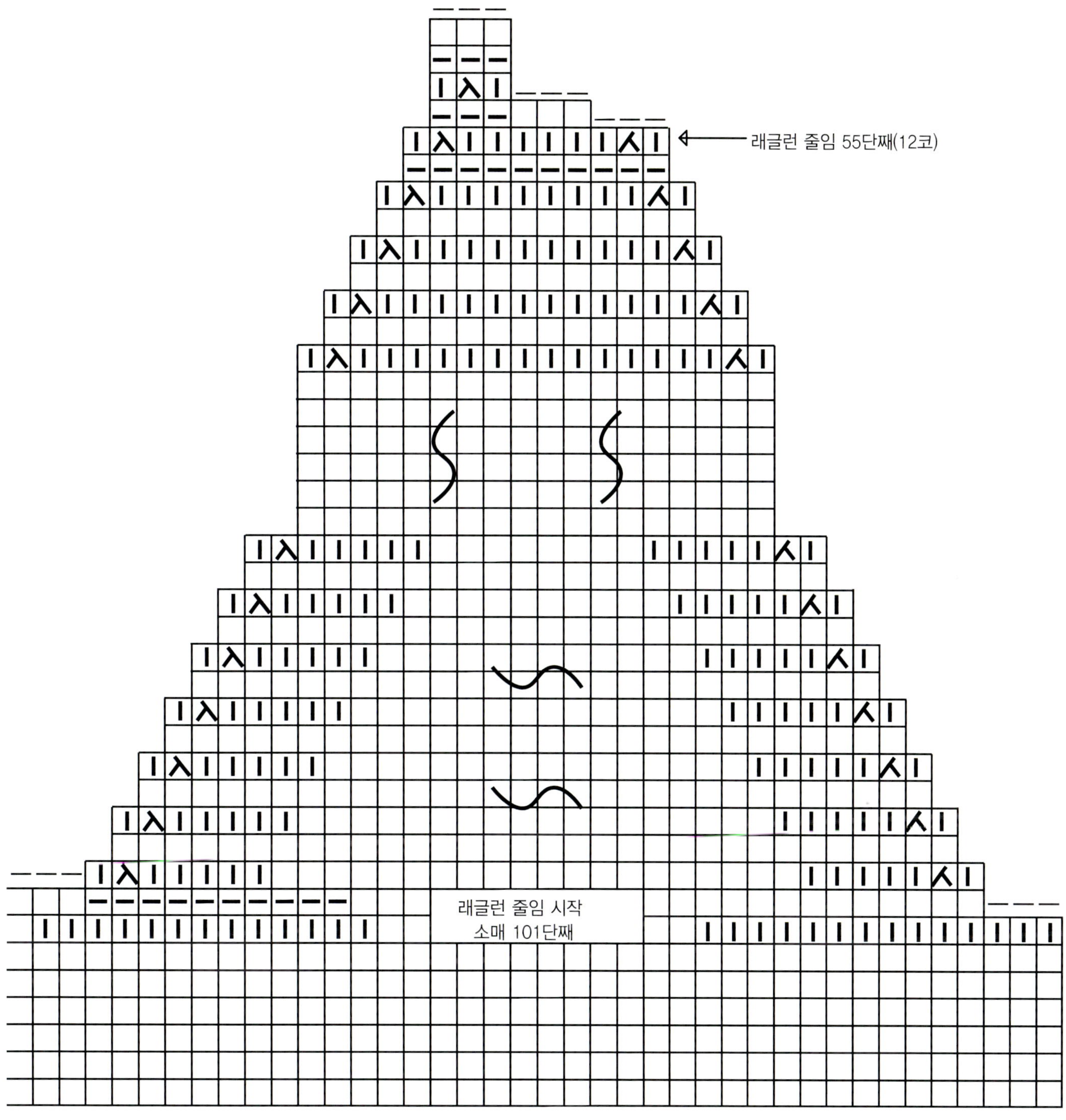

어깨 부분 래글런 줄임 부분

(옆의 무늬 도안을 참조하여 무늬를 넣으며 뜬다)

마무리

뒤판에 오른쪽 소매 오른쪽 앞판 순서로 왼쪽 소매 왼쪽 앞판 순서로 무늬를 맞춰 이어준다.

13ᴾ

사용실과 사용량 : 빈센트리치 6659번 300g + 빈센트 2732번 130g, 빈센트 브라운 40g,
카키 50g, 네이비 30g

사용 도구 : 3.5mm, 4mm, 4.5mm 대바늘, 지퍼 45cm

사이즈 : 가슴둘레 80cm, 길이 52cm, 소매 50cm, 어깨 33cm

Tip : 배색을 할 때는 실의 건네는 힘의 조절이 중요합니다.

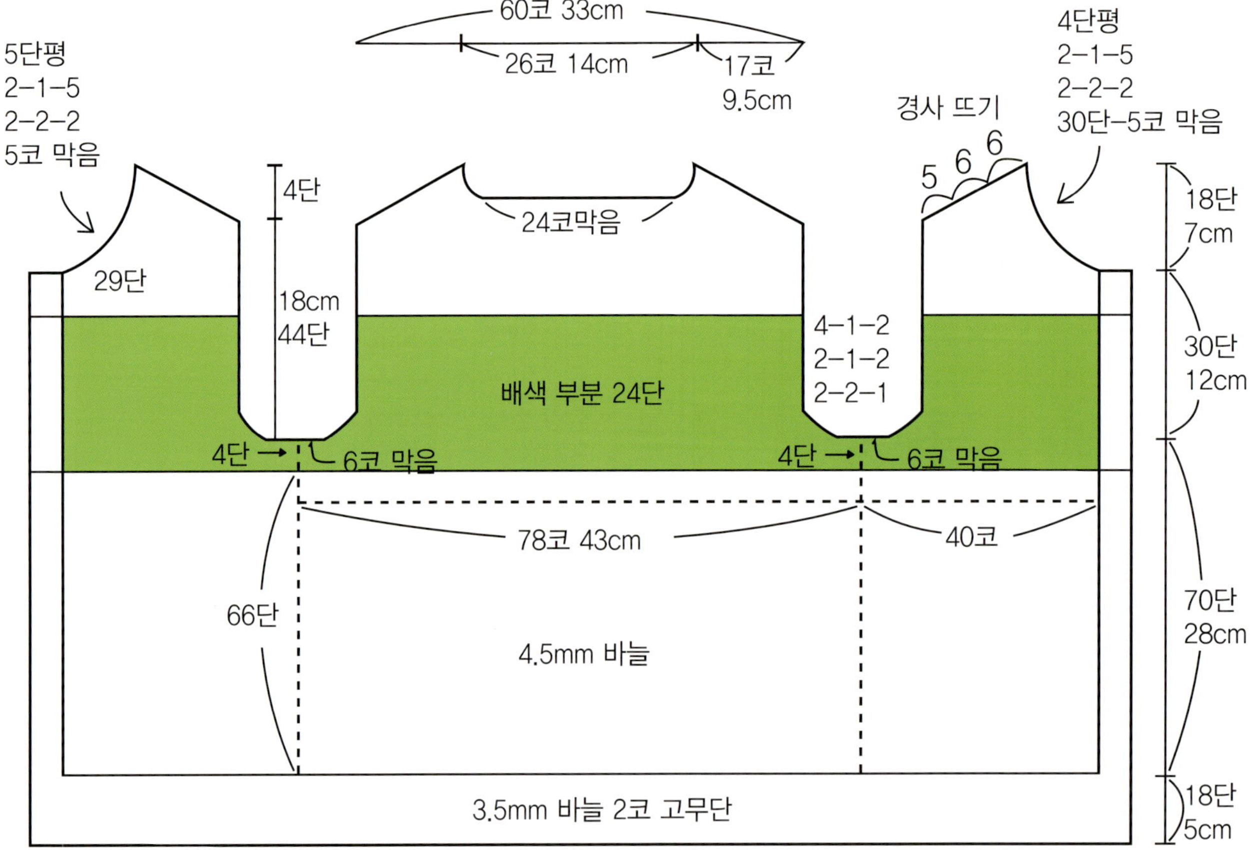

뜨는 법

1. 빈센트 리치와 빈센트를 합사한 베이지로 앞판과 뒤판을 함께 뜬다.

2. 별실로 풀어내는 코 158코를 만들어 겉뜨기로 시작하고 겉뜨기로 끝나는 2코 고무단 18단(5cm)을 뜬다.

3. 양쪽 16코는 그대로 2코 고무뜨기로 하면서 메리야스뜨기 66단 뜬다.

4. 브라운은 3겹으로 합사하여 4단 뜬다(70단).

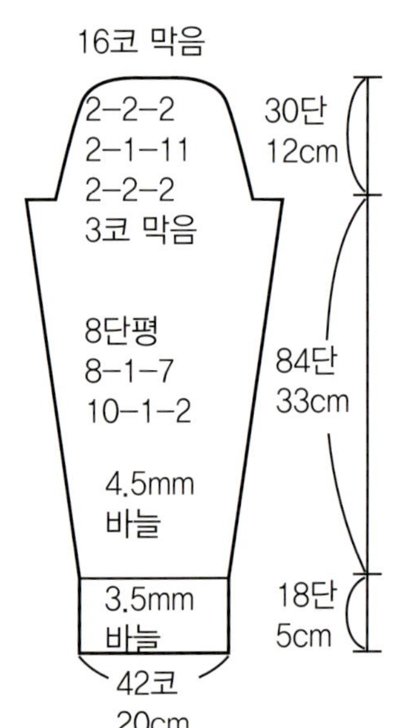

소매

1. 84단까지는 18코가 늘어난다.

2. 소매산에서는 19코씩 양쪽으로 38코가 줄어든다.

3. 16코를 코막음으로 마무리한다.

1. 71단째는 배색을 참고하여 진동 줄임을 시작한다.

2. 오른쪽 앞판 37코, 6코 막음, 뒤판 72코, 6코 막음, 왼쪽 앞판 37코

3. 한 쪽당 총 6코가 줄어든다.

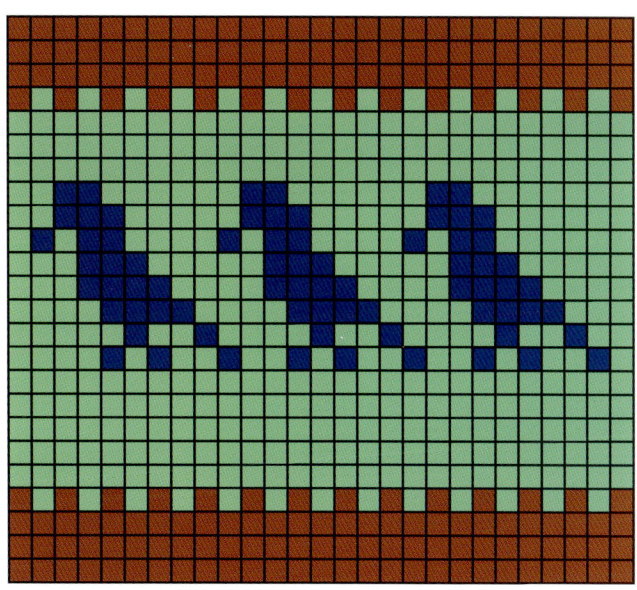

무늬 차트

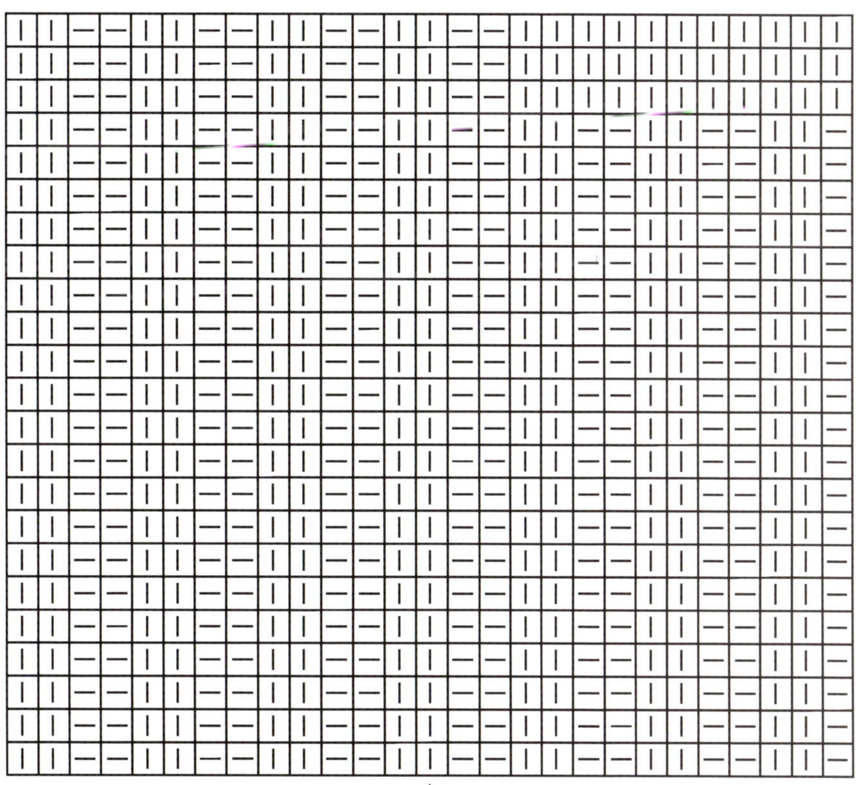

아랫단 왼쪽 앞판 시작

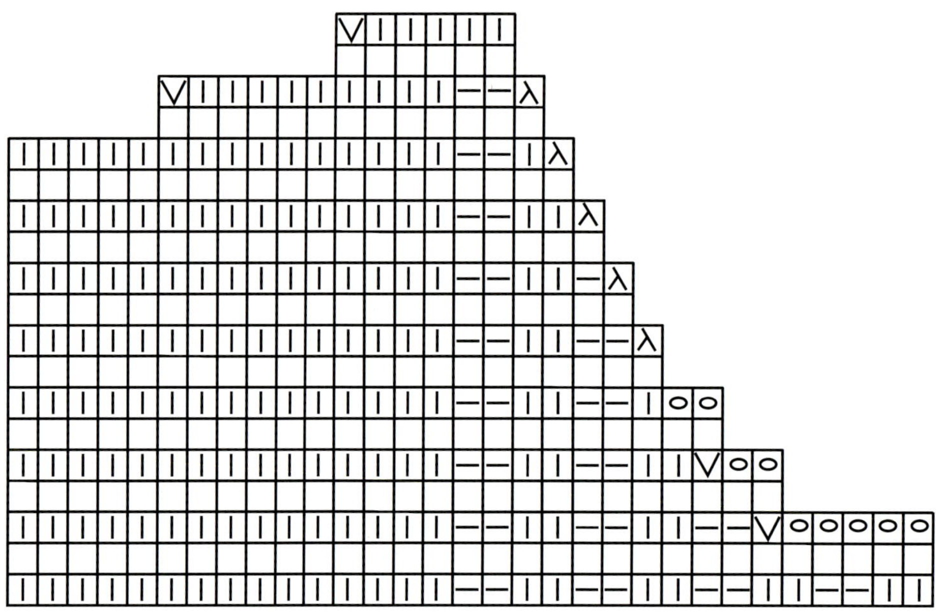

어깨 처짐과 목 줄임 도안

어깨 처짐(왼쪽)

1. 진동부터 43단 뜨고 2-5-1, 2-6-2 끝까지 1단 뜬다.

2. 어깨핀으로 쉼코를 둔다.

3. 총 17코가 줄어든다.

목 파임

1. 진동 줄임으로부터 29단을 뜬다.

2. 5코 막음, 2-2-2, 2-1-5, 5단 평뜨기를 한다.

3. 총 9코가 줄어든다.

오른쪽 목 파임

1. 진동 줄임으로부터 30단을 뜬다.

2. 왼쪽 앞판과 똑같이 줄이고 4단 평뜨기를 한다.

목둘레 코 줍기

1. 4mm 바늘, 베이지색 실로 양쪽 앞판에서 22코씩, 뒤판에서는 36코를 줍는다(총 80코).

2. 안단 안뜨기 3코 (겉뜨기 2코, 안뜨기 2코) 반복, 겉뜨기 2코, 안뜨기 3코를 한다.

3. 베이지 8단, 브라운 6단을 뜨고 돗바늘로 2코 고무단 마무리를 한다.

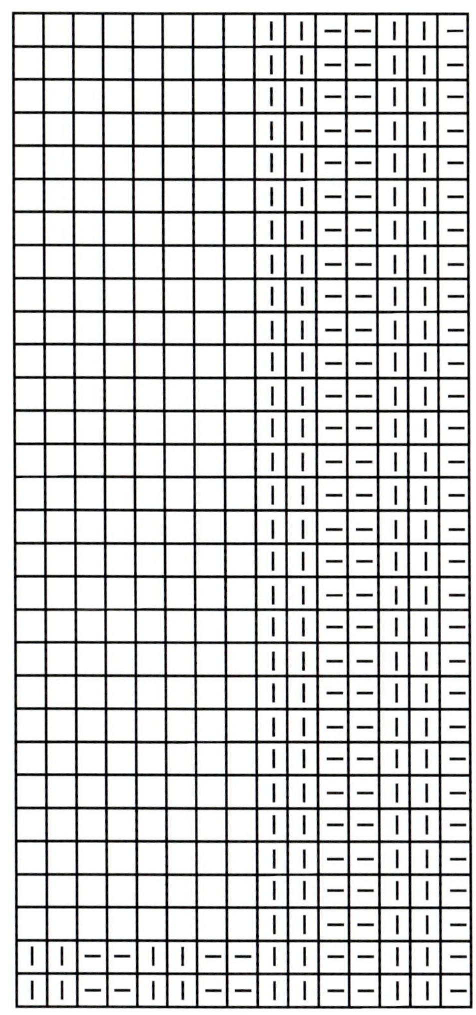
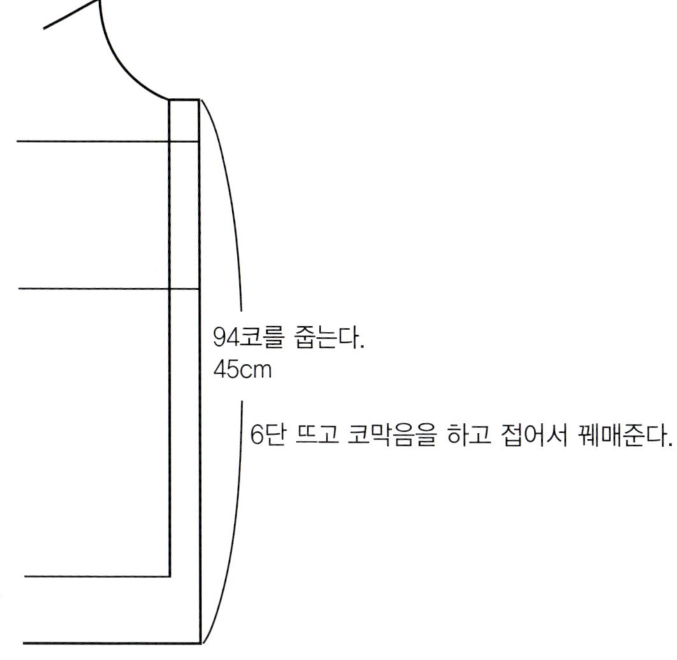

지퍼 부분

앞단(지퍼단)

1. 4mm 바늘, 카키색 실로 아랫단의 고무단 부분에는 [한 단에서 한 코씩 2회, 한 단 건너서]를 반복으로 코를 줍는다.

2. 몸판에서는 한 단에서 한 코씩 3회 한 단 건너서를 반복으로 코를 줍는다(총 94코).

3. 메리야스뜨기로 주운 단 포함 7단을 뜨고 안쪽 단에서 마무리한다.

4. 안쪽으로 접어서 감침질로 이어준다.

KNIT LOVE WORKSHOP
BLEND
이상미 | 어쭈구리

14P

사용실과 사용량 : 빈센트 3p 2735번 검은색 60g—실A, 2731번 흰색 30g—실B

사용 도구 : 2.25mm 줄바늘, 돗바늘

사이즈 : 21cm x 20cm, 여성용 신발 사이즈 240~245mm

참고사항

도안은 매직루프 방식으로 설명되었습니다.

– 장갑바늘을 사용할 경우에는 바늘1과 바늘2의 코를 각각 1/2로 나눠서 뜨면 됩니다.

– 코늘림은 어떤 방식을 사용해도 크게 상관이 없습니다. 저는 꼬아올려 코늘리기 만드는 방식을 추천합니다.

– 배색 차트는 항상 오른쪽에서 왼쪽으로 읽습니다.

– 배색 시에는 적정 게이지를 유지하는 것이 중요합니다.

– 항상 실A가 실B의 아래로 위치하도록 하게 해서 뜨고 실이 꼬이거나 위치가 바뀌지 않도록 주의합니다. 이는 배색 무늬를 더 잘 나타나도록 하기 위함입니다.

– Gusset에서 코줍기를 할 때는 코바늘의 사슬코처럼 형성된 끝단에서 꼬아뜨기로 코를 주워서 뜹니다.

메리야스잇기

실을 끊지 않은 상태에서 바늘 2개를 서로 안쪽이 마주보게 한다(각 바늘에 있는 콧수가 같아야 함).

1. 돗바늘을 이용해 바늘1의 첫 번째 코를 안뜨기하듯 뜬다.

2. 바늘2의 첫 번째 코를 겉뜨기하듯 뜬다.

3. 바늘1에서 안뜨기하듯 떴던 코에 겉뜨기하듯 돗바늘을 통과시키면서 바늘에서 그 코를 뺀다. 방금 빼낸 코의 바로 앞코를 안뜨기 하듯 뜬다.

4. 바늘2에서 겉뜨기하듯 떴던 코에 안뜨기하듯 돗바늘을 통과시키면서 바늘에서 그 코를 뺀다. 방금 빼낸 코의 바로 앞코를 겉뜨기 하듯 뜬다.

5. 3, 4를 반복해준다.

뜨는 법

1. 실A, 2.25mm 바늘로 68코를 만든다.

2. 실이 꼬이지 않도록 주의하면서 바늘1과 2에 각 34코씩 나누어, 원통뜨기를 시작한다.

3. 바늘1은 발등 부분이 되고 바늘2는 발바닥 부분이 될 예정으로 [겉2, 안2] 반복을 15단 뜬다.

4. 다음 단은 [겉17, 코늘림] 4회 반복해준다(72코).

5. 실A와 B를 이용해 배색 차트1의 1단을 2회 반복한다.

6. 배색 차트를 5회, 혹은 원하는 발목 길이만큼 반복한다.

7. 다음 단은 배색 차트1의 1단을 2회 반복한 후, 바늘2의 마지막 코를 바늘1로 옮긴다(바늘1 : 37코, 바늘2 : 35코됨).

8. 발뒤꿈치는 바늘2의 35코만 가지고 실A로 뜬다. 실B는 끊지 않는다.

배색 시 주의 사항

항상 실A가 실B의 아래에 위치하도록 하게 뜬다(무늬를 잘 보이게 하기 위함임) 적정 게이지를 유지하는 것이 중요

발뒤꿈치뜨기(실A만 사용해서 평면으로 뜬다)

1. 1단(안) : 걸러뜨기 1번, 안뜨기 34코

2. 2단(겉) : 걸러뜨기 1번, [겉뜨기 1코, 걸러뜨기 1번] 반복하다가 2코 남았을 때 겉뜨기 2코

3. 3단(안) : 걸러뜨기 1번, 안뜨기 34코

4. 4단(겉) : 걸러뜨기 1번, 겉뜨기 1코, [겉뜨기 1코, 걸러뜨기 1번] 반복하다가 3코 남았을 때 겉뜨기 3코

5. 1~4를 12회 반복 후 다음 단(안)은 걸러뜨기 1번, 안뜨기 34코

경사뜨기

1. 경사뜨기 1단(겉) : 걸러뜨기 1번, [겉뜨기 1코, 걸러뜨기 1번] 6회 반복, 겉뜨기 8코, 오른코 겹치기, 겉뜨기 1코, 편물 뒤집기

2. 경사뜨기 2단(안) : 걸러뜨기 1번, 안뜨기 9코, 안뜨기 2코 모아뜨기, 안뜨기 1코, 편물 뒤집기

3. 경사뜨기 3단(겉) : 걸러뜨기 1번, 겉뜨기하다가 걸러뜨기한 코를 뜰 차례가 되면, 걸러뜨기한 코를 그 다음 코와 함께 오른코 겹치기, 겉뜨기 1코, 편물 뒤집기

4. 경사뜨기 4단(안) : 걸러뜨기 1번, 안뜨기하다가 걸러뜨기한 코를 뜰 차례가 되면, 걸러뜨기한 코를 그 다음 코와 함께 안뜨기 2코 모아뜨기, 안뜨기 1코, 편물 뒤집기

5. 경사뜨기 3, 4번을 반복해서 바늘에 있는 모든 코를 뜨면 경사뜨기 4단에서 끝나고 23코가 된다. 실A를 끊어준다.

Gusset

1. Set-up단 : 실A를 가지고, 바늘1과 2 사이에 완성된 뒤꿈치단 가장자리에서 23코를 겉뜨기로 줍고, (이때 줍는 코는 꼬아뜨기 모양이 되어야 함) 이어서 바늘2에 남아있는 23코를 겉뜨기한다. 바늘2와 1 사이에 완성된 뒤꿈치단 가장자리에서 23코를 겉뜨기로 줍는다(69코).

2. 바늘1의 첫 번째 코를 바늘2로 옮긴다(총 106코 됨).

3. 실A와 실B를 이용해 배색 차트를 진행한다.
   바늘1에서는 배색 차트2의 2단부터 뜨기 시작한다(발등 부분이 됨).
   바늘2에서는 발바닥 배색 차트의 1단부터 진행한다(발바닥 부분이 됨).

4. 다음 단 : 바늘1 – 배색 차트2를 35코 진행 마지막 1코를 바늘2로 옮겨 실A로 오른코 겹치기
   바늘2 – 발바닥 배색 차트를 진행하다가 마지막 1코는 바늘1로 옮겨 다음 단의 첫 코와 함께 왼코 겹치기로 함께 뜬다.
   4를 14회 더 반복

5. 다음 단 : 바늘1 – 배색 차트2 진행
   바늘2 – 발바닥 배색 차트를 진행하다가 마지막 1코는 실A로 겉뜨기 1코

6. 4와 동일하게 뜬다.

7. 5와 6을 2회 더 반복한다.

8. 바늘2의 마지막 코를 바늘1로 옮기고 바늘2의 첫 번째 코는 바늘1로 옮긴다.

9. 발등 부분이 되는 바늘 1은 37코, 발바닥 부분이 되는 바늘 2는 35코가 된다(총 72코).

10. 바늘1은 배색 차트2, 바늘2는 발바닥 배색 차트를 진행한다.

11. 양말의 길이가 원하는 발의 길이에서 4.5cm가 덜될 때까지 배색 차트2와 발바닥 배색 차트를 반복하다가 바늘1에서 배색 차트2 의 1단을 뜨고, 바늘2에서 발바닥 배색 차트에 맞춰 1단 진행한다.

1. 실B를 끊는다. 실A로만 진행한다.

2. Set-up단
바늘1 – [겉뜨기 6코, 왼코 겹치기]를 4회 반복, 겉뜨기 5코(33코)
바늘2 – 겉뜨기 10코, 왼코 겹치기, 겉뜨기 11코, 왼코 겹치기, 겉뜨기 10코(33코, 총 66코 됨)

3. 겉뜨기로 4단 뜬다.

4. 줄이기 단
바늘1 – 겉뜨기 1코, 오른코 겹치기, 겉뜨기하다가 3코 남았을 때, 왼코 겹치기, 겉뜨기 1코
바늘2 – 겉뜨기 1코, 오른코 겹치기, 겉뜨기하다가 3코 남았을 때, 왼코 겹치기, 겉뜨기 1코

5. 겉뜨기를 2단 뜨고, 줄이기 단을 진행한다. 이를 1회 더 반복한다.

6. 겉뜨기를 1단 뜨고, 줄이기 단을 진행한다. 이를 2회 더 반복한다.

7. 줄이기 단을 5회 반복한다.

8. 바늘1과 2에 각각 11코가 남는다. 남아 있는 코를 돗바늘을 이용해 메리야스잇기로 꿰맨다.

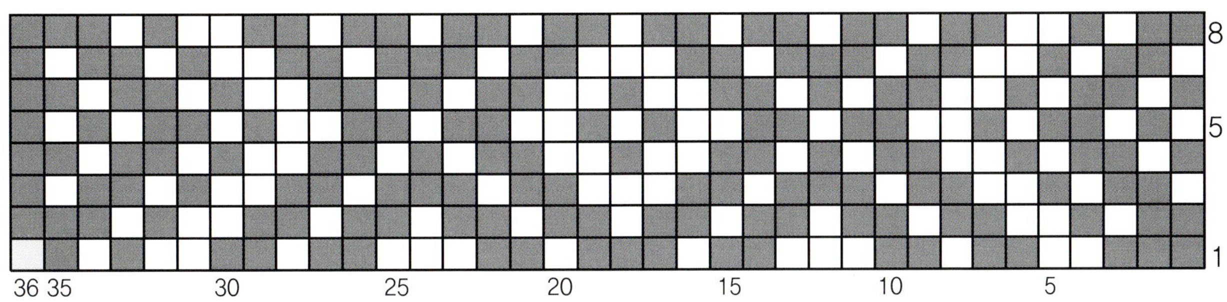

배색 차트1(36코x8단)

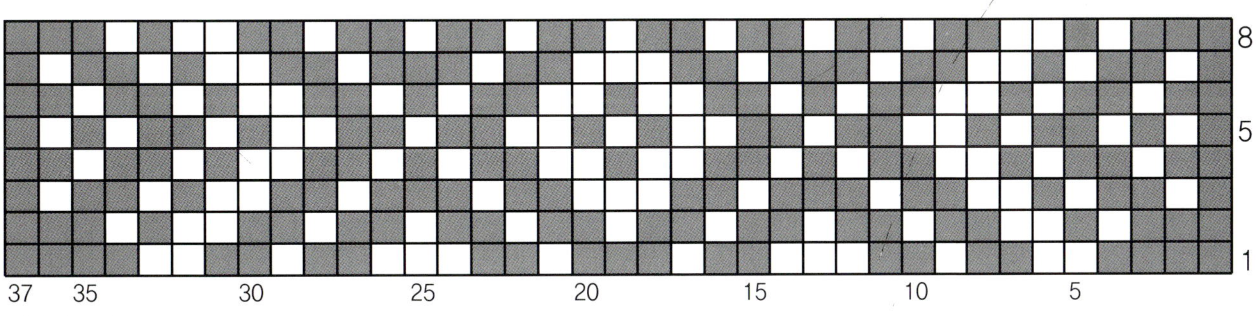

배색 차트2(37코 8단)

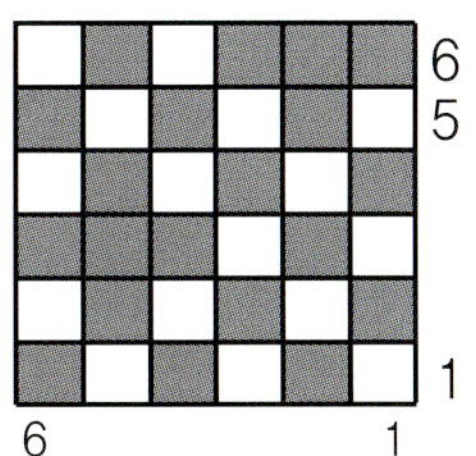

발바닥 배색 차트(6코x6단) gusset 줄임 부분은 따로 표시하지 않았습니다.

실A 실B

김미정 | 쩡이

작가 이력

'대바늘로 한코한코 떠가는 레이스 숄' 저자

'스타일리시 사계절 손뜨개 니트' 공동 감수

니터들의 소품집. 손뜨개 소품집. 손뜨개
소품집2에 작품 수록

국내외 손뜨개 전시회에 작품 출품

15ᴾ

사용실과 사용량 : 키드모헤어 20g 6볼
사용 도구 : 4mm 줄바늘, 3.5mm 장갑바늘 2개, 레이스용 코바늘 10호, 비즈
사이즈 : 55~66사이즈

Tip : 기모가 풍부한 하얀색의 키드모헤어로 순수하고 우아한 여성의 미를 담아보았습니다. 마치 숄을 뜨는 것처럼
레이스 무늬로 단처리를 해주었으며 비즈로 포인트를 주어 화사한 느낌을 더해주었습니다. 키드모헤어의 풍성한
기모감 때문에 수정하는 것이 쉽지 않으므로 도안을 꼼꼼히 살피며 뜨시길 바라며 넉넉한 사이즈의 바늘로
편안하게 뜨는 방법을 추천합니다.

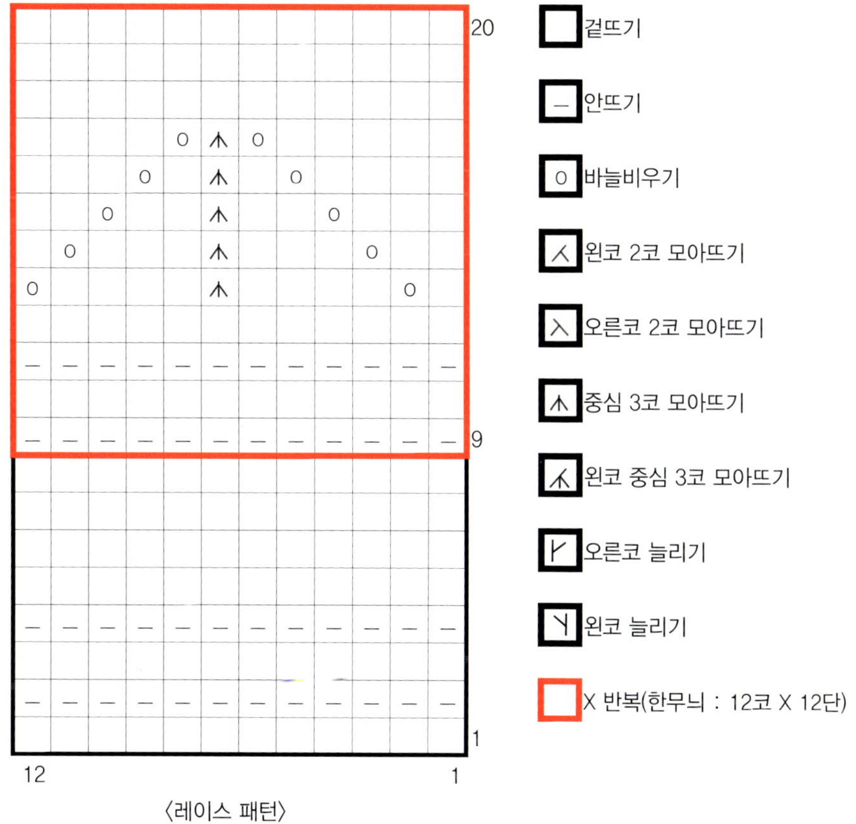

〈레이스 패턴〉

겉뜨기
안뜨기
바늘비우기
왼코 2코 모아뜨기
오른코 2코 모아뜨기
중심 3코 모아뜨기
왼코 중심 3코 모아뜨기
오른코 늘리기
왼코 늘리기
X 반복(한무늬 : 12코 X 12단)

몸판

– 4mm 줄바늘로 총 384코를 만들어 원통으로 뜬다. 이때 첫 코와 마지막 코 사이, 192코와 193코 사이에 각각 마커를 걸어 앞, 뒤판을
구분해 둔다.

1. 〈레이스 패턴〉을 반복하여 1~20단을 뜬 후 빨간 박스로 표시한 12단을 2회 더 반복한다(1~44단).

2. 메리야스뜨기로 80단을 더 뜬다(45~124단).

3. 125단 : '(왼코 2코 모아뜨기 X 21회) + (왼코 중심 3코 모아뜨기 X 2회)'를 8번 반복하여 200코를 줄여준다(총 184코).

4. 126단 : 모든 코에 비즈를 꿰어 겉뜨기한다. 도안처럼 마커를 기준으로 앞, 뒤판의 좌. 우 코를 각각 늘려주며 162단까지 원통으로
이어 뜬다.

※ 비즈 달기 – 레이스용 코바늘 10호, 3mm 환대비즈
① 레이스용 코바늘에 비즈를 꿰어둔다.
② 왼쪽 바늘의 코를 코바늘에 옮겨 걸면서 코바늘에 꿰어 있던 비즈가 통과하도록 코를 빼준다.
③ 비즈를 통과시킨 코를 다시 왼쪽 바늘에 옮기고 오른쪽 바늘로 겉뜨기한다.
④ 같은 방법으로 모든 코에 비즈를 통과시켜 겉뜨기로 떠준다.

5. 진동 줄임을 하면서 앞, 뒤판을 분리하고 각각 앞목 줄임과 뒷목 줄임을 한다.

6. 앞, 뒤판의 양쪽 어깨를 연결하고 목둘레를 아이코드단으로 둘러준다.

※ 아이코드단 뜨기 – 겉면에서 한 방향으로만 뜬다.
 ① 1단 – 3.5mm 장갑바늘에 4코를 만든다(겉면).
 ② 2단(겉면)
   ⓐ 마지막 코가 왼쪽에 놓여 있는 상태(바늘을 돌려잡지 않은 상태)에서 바늘의 오른쪽 끝으로 코들을 밀어 옮긴다.
   ⓑ 다른 장갑 바늘을 이용하여 코가 만들어진 순서로 3개의 코를 겉뜨기로 뜬다.
   ⓒ 왼쪽 바늘에 걸려 있는 4번째 코를 오른쪽 바늘에 옮긴다.
   ⓓ 아이코드단을 둘러줄 편물의 단(또는 코)에서 오른쪽 바늘로 1코를 줍고, 그 코에 ⓒ의 코를 덮어씌운다.
 ③ ②의 ⓐ~ⓓ를 반복하여 아이코드로 테두리를 둘러뜬다.

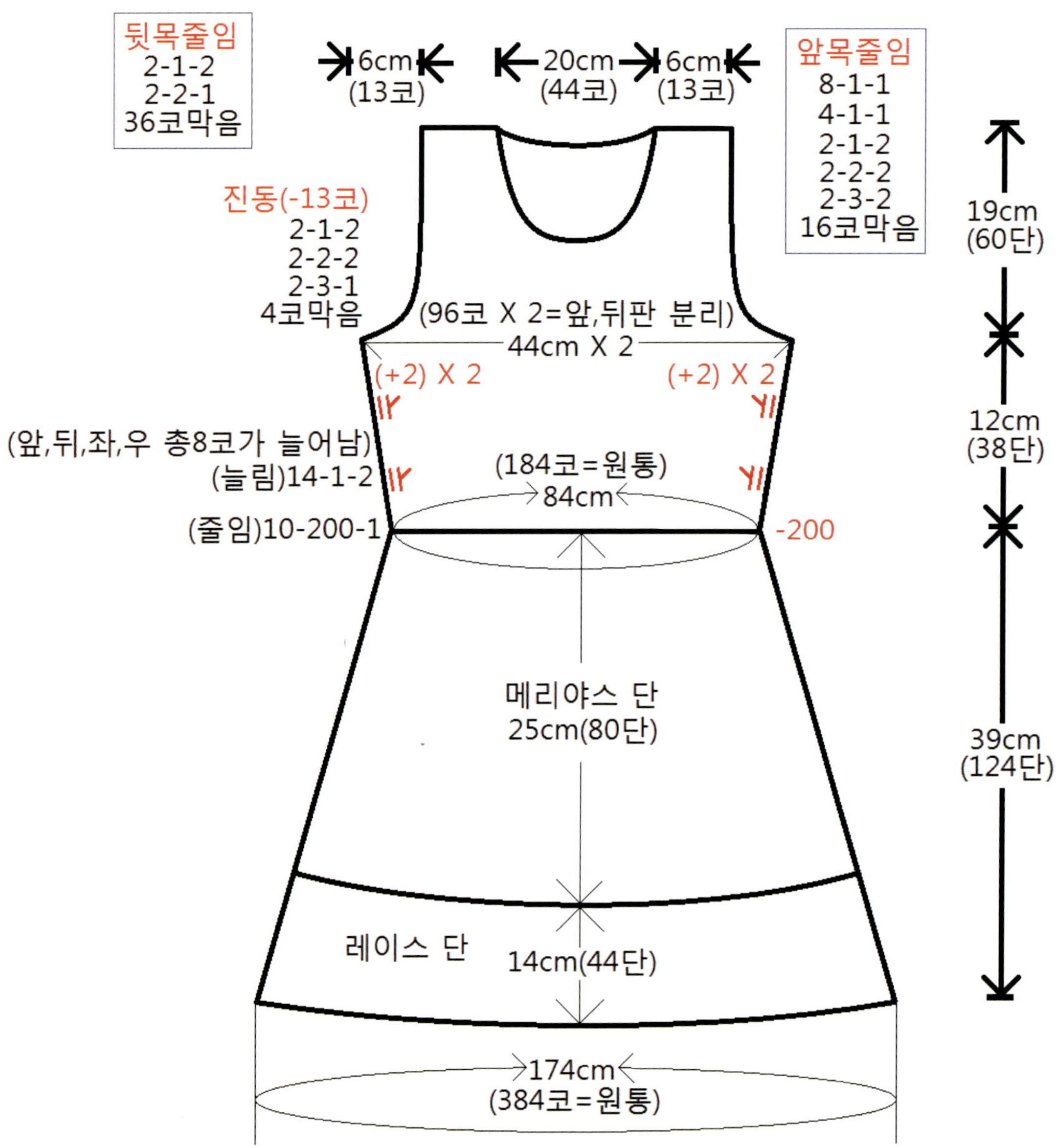

소매 역시 원통으로 뜨지만 이해를 돕기 위하여 평면으로 표현하였다.

– 4mm 줄바늘로 총 96코를 만들어 원통으로 뜬다. 이때 첫 코와 마지막 코 사이에 마커를 걸어 표시해 둔다.

1. <레이스 패턴>을 반복하여 1~20단을 뜬 후 빨간 박스로 표시한 12단을 1회 더 반복한다(1~32단).

2. 메리야스뜨기로 12단을 더 뜬다(33~44단).

3. 45단 : 왼코 2코 모아뜨기를 48번 반복하여 48코를 줄여준다(총 48코).

4. 46단 : 모든 코에 비즈를 꿰어 겉뜨기한다. 비즈 달기는 앞의 방법과 동일하다.

5. 도안처럼 마커를 기준으로 좌, 우 코를 각각 늘려주며 98단까지 원통으로 이어 뜬다.

6. 소매산의 줄임을 시작하면서 평면뜨기한다. 마커로 표시해 둔 부분이 평면으로 나눠지는 부분이다.

7. 도안처럼 뜬 후 마지막 남은 36코를 모두 왼코 2코 모아뜨기하여 18코로 줄여준 후 코막음한다.

8. 같은 방법으로 총 2장의 소매를 만들어 몸판과 이어준다.

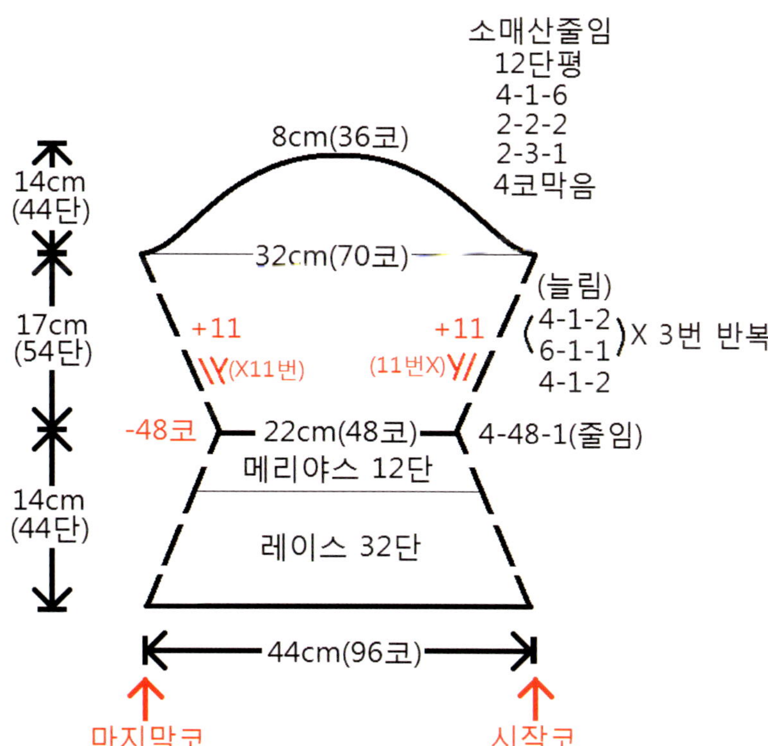

16ᴾ

사용실과 사용량 : 골드 7ply 50g 10볼
사용 도구 : 4mm 줄바늘, 3.5mm 장갑바늘 2개
사이즈 : 55〜66사이즈

Tip : 어깨 부분이 끈으로 되어 있어 다양한 스타일로 연출이 가능한 기본 원피스입니다. 단독으로 입을 수도 있고
레이시한 풀오버나 깔끔한 카디건과 함께 코디하여 멋스러움을 살릴 수도 있습니다. 원통으로 떠가기 때문에
앞판과 뒤판을 마커로 구분하여 늘림과 줄임을 해주어야 하며, 어깨끈과 단의 마무리 때문에 아이코드 뜨는
방법을 익힐 수 있습니다.

몸판

1. 4mm 줄바늘로 100코를 만들어 1코 멍석뜨기로 10단을 뜬다.

2. 양쪽 가장자리 7코씩은 계속 멍석뜨기로, 나머지 가운데 86코는 메리야스뜨기로 30단을 더 뜬다.

3. 1〜2의 방법으로 총 2장의 편물을 만든다.

4. 41단부터는 도안처럼 2장의 편물을 원통으로 이어 메리야스뜨기한다. 이때 편물과 편물이 이어지는 부분에 각각 마커를 걸어두고
   앞, 뒤판을 구분해 놓는다.

5. 마커를 기준으로 앞, 뒤판의 좌, 우 코를 각각 줄임, 늘림을 해주며 252단까지 원통으로 이어 뜬다.

6. 진동 줄임을 하면서 앞, 뒤판을 분리하고 각각 앞목 줄임과 뒷목 줄임을 한다.

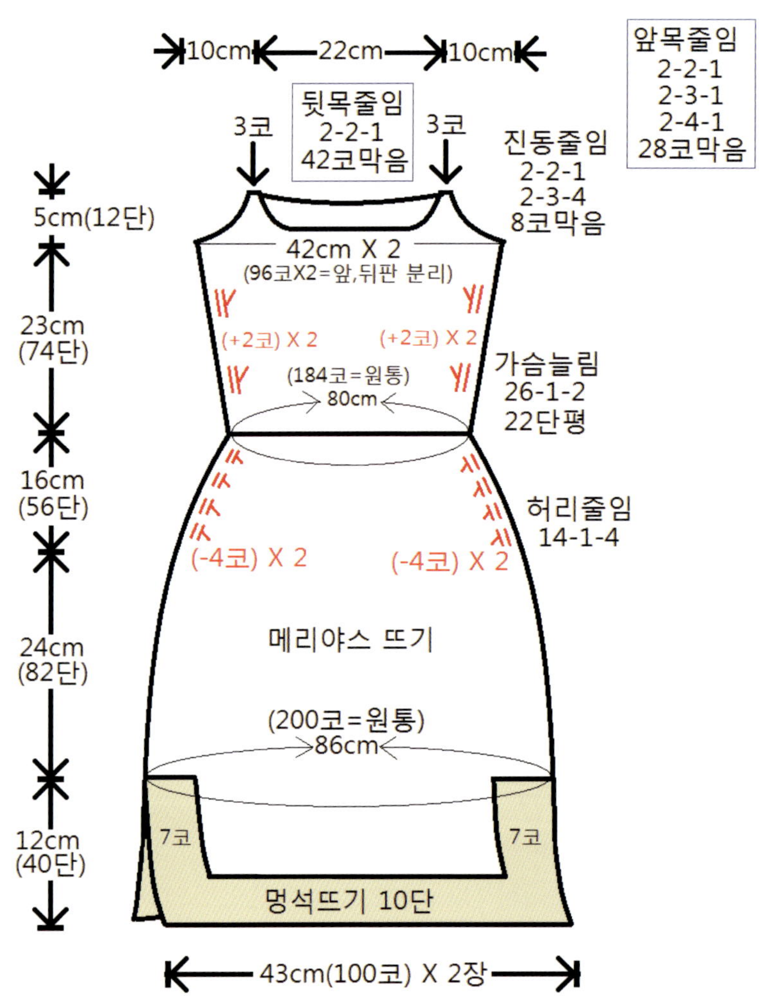

목둘레, 진동둘레 뜨기

1. 앞목 부분인 왼쪽 앞목점에서부터 오른쪽 앞목점까지 아이코드단으로 둘러주고 실을 끊는다.

2. 오른쪽 진동 부분인 오른쪽 앞목점에서 오른쪽 뒷목점까지 아이코드단으로 둘러주고 실을 끊는다.

3. 뒷목 부분인 오른쪽 뒷목점에서부터 왼쪽 뒷목점까지 아이코드단으로 둘러주고 실을 끊는다.

4. 왼쪽 진동 부분인 왼쪽 뒷목점에서부터 왼쪽 앞목점까지 아이코드단으로 둘러주고 실을 끊는다.

※ 아이코드단 뜨기 – 겉면에서 한 방향으로만 뜬다.
　① 1단 – 3.5mm 장갑바늘에 4코를 만든다(겉면).
　② 2단(겉면)
　　ⓐ 마지막 코가 왼쪽에 놓여 있는 상태(바늘을 돌려잡지 않은 상태)에서 바늘의 오른쪽 끝으로 코들을 밀어 옮긴다.
　　ⓑ 다른 장갑바늘을 이용하여 코가 만들어진 순서로 3개의 코를 겉뜨기로 뜬다.
　　ⓒ 왼쪽 바늘에 걸려 있는 4번째 코를 오른쪽 바늘에 옮긴다.
　　ⓓ 아이코드단을 둘러줄 편물의 단(또는 코)에서 오른쪽 바늘로 1코를 줍고, 그 코에 ⓒ의 코를 덮어씌운다.
　③ ②의 ⓐ～ⓓ를 반복하여 아이코드로 테두리를 둘러뜬다.

5. 아이코드단으로 앞목, 뒷목, 좌, 우 진동을 둘러주고 나면, 3코씩 남아 있던 4곳의 어깨끈 코들은 1코씩 남게 된다.

어깨끈 연결하기

– 3.5mm 장갑바늘을 이용하여 아이코드를 떠서 좌, 우 어깨끈을 연결한다.

1. 앞판 오른쪽 어깨끈 부분에서 7코를 주워 도안처럼 아이코드 끈을 뜨고 뒤판 오른쪽 어깨끈 부분과 돗바늘로 연결한다.

2. 앞판 왼쪽 어깨끈 부분에서 7코를 주워 도안처럼 아이코드 끈을 뜨고 뒤판 왼쪽 어깨끈 부분과 돗바늘로 연결한다. 왼쪽 진동 부분인 왼쪽 뒷목점에서부터 왼쪽 앞목점까지 아이코드단으로 둘러주고 실을 끊는다.

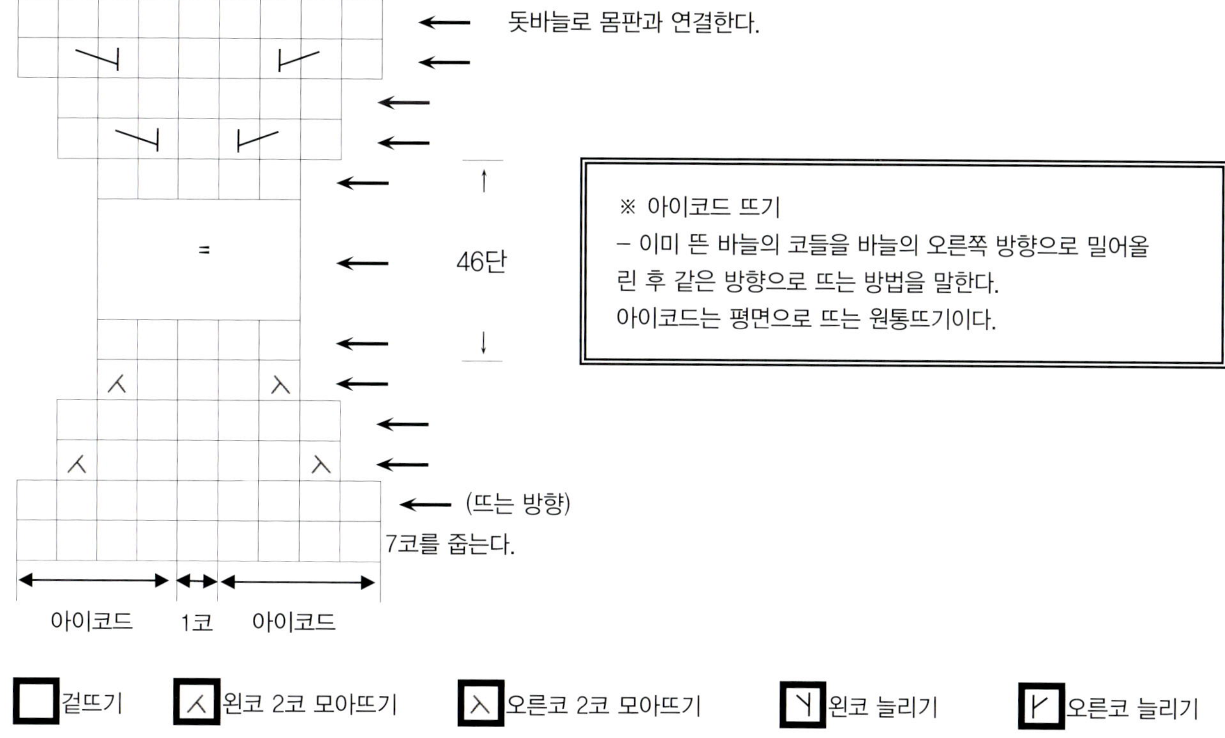

BLEND

최명옥 | 이쁜나비

작가 이력

홈스쿨 12년

홈플러스, 이마트, 국제 학습, 평생 학습관 등
문화센터 출강 7년

손뜨개 소품집 1, 2, 3권에 모두 작품 있음(동상 시상)

다음 카페 이쁜나비네 손뜨개방 운영

서로 만남 재킷(남)

사용실과 사용량 : 매너 녹색 4볼, 빨간색 $^1/_2$볼, 베이지색 $^1/_2$볼, 회색 2$^1/_2$. 합 800g

사용 도구 : 5.5mm, 6mm 대바늘

사이즈 : 품 108cm, 길이 68cm

Tip : 색과 색의 배색에서 너무 당겨도 안 되고 너무 느슨해도 안 됩니다. 첫 코는 살짝 당기고 두 번째 코는 평상시 조절 힘으로 하는 게 낫습니다.

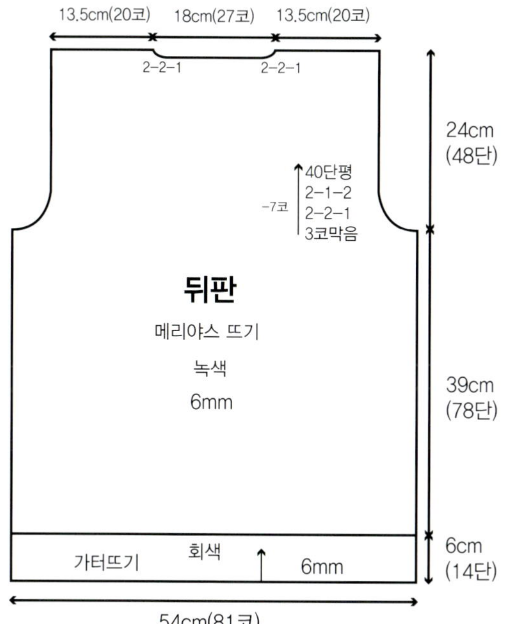

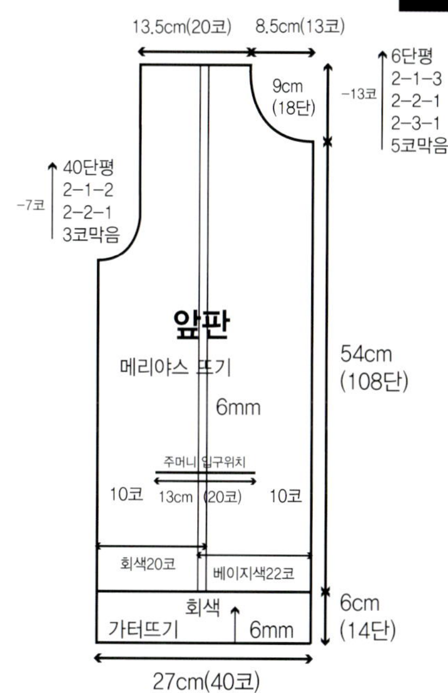

뒤판 만들기

1. 6mm 대바늘로 일반코 잡기 81코 회색으로 만들어 가터뜨기 14단 뜬다.

2. 녹색으로 바꾼 뒤 메리야스뜨기 78단 뜬다.

3. 진동 줄임 1-3-1, 2-2-1, 2-1-2 줄이면서 46단 뜬다.

4. 어깨 22코 뜬 후 뒤로 돌려 안뜨기하면서 2코 막고 안뜨기한다(어깨 20코 다른 바늘에 걸어 둔다).

5. 남은 45코 중에서 실을 새로 걸어 25코 코막음한 후 겉뜨기한다.

6. 안뜨기 1단 뜬다(어깨 20코 다른 바늘에 걸어 둔다).

오른쪽 앞판 만들기

1. 6mm 대바늘로 일반코 잡기 40코 회색으로 만들어 가터뜨기 14단 뜬다.

2. 겉뜨기로 (베이지색 22코, 회색 18코) 1단 뜬다.

3. 안뜨기로 (회색 20코, 베이지색 20코) 1단 뜬다.

4. 2와 3의 반복으로 메리야스뜨기 28단 뜬다.

5. 29단에서 가운데 20코는 안전핀에 걸어둔다.

6. 29단에서 10코 뜨고 별실 코잡기 20코 뜨고 10코 떠서 78단까지 뜬다.

7. 진동줄임 1-3-1, 2-2-1, 2-1-2 줄이면서 30단 뜬다.

8. 목줄임 1-5-1, 2-3-1, 2-2-1, 2-1-3 줄이면서 18단 뜬다.

9. 남은 20코 다른 바늘에 걸어둔다.

왼쪽 앞판 만들기

1. 6mm 대바늘로 일반코 잡기 40코 회색으로 만들어 가터뜨기 14단 뜬다.

2. 겉뜨기로 (빨간색 18코, 베이지색 22코) 1단 뜬다.

3. 안뜨기로 (베이지색 20코, 빨간색 20코) 1단 뜬다.

4. 오른쪽 앞판 만들기 4에서 9까지 한다.

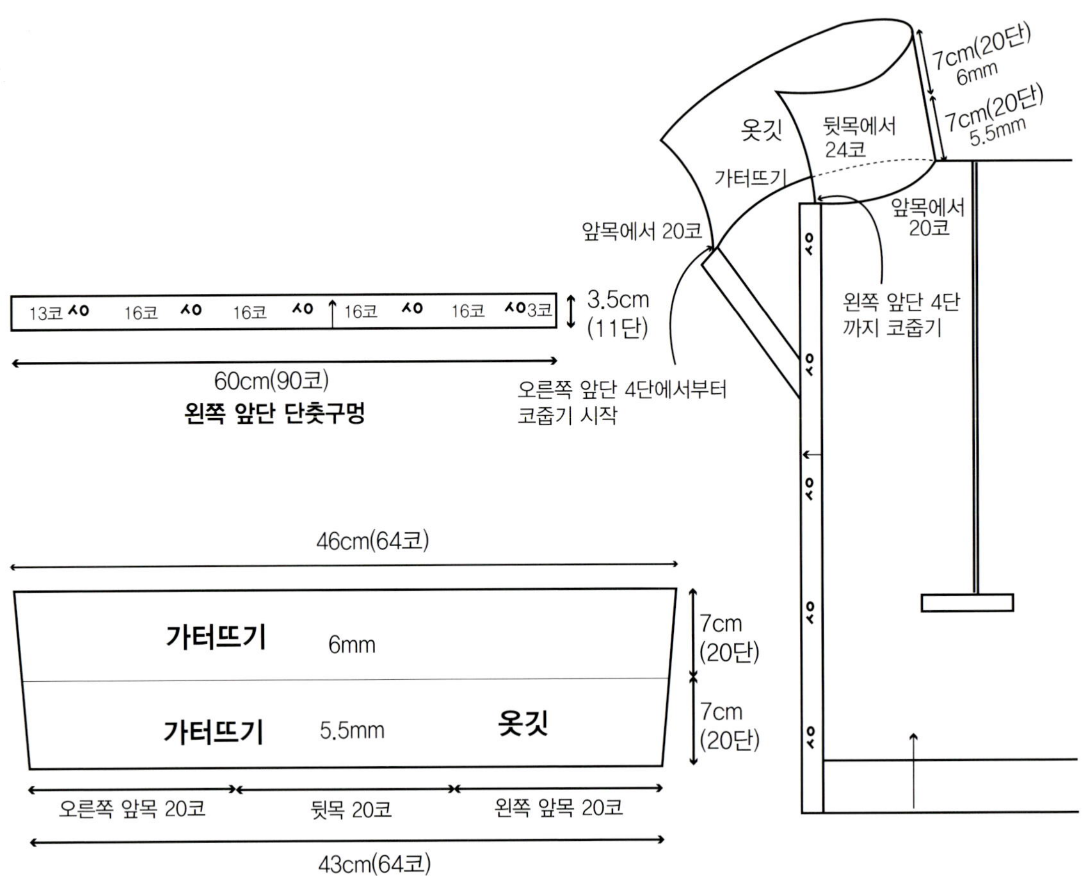

앞단 만들기

1. 6mm 대바늘과 회색 실로 가터 14단에서 (1단 줍고 1단 건너기, 1단 줍기) 2회. (9코) 줍고, 메리야스 108단에서 (3단 줍고 1단 건너기) 27회(81코) 줍는다.

2. 오른쪽 앞판에서 90코 주워 가터뜨기 11단 뜨고 코막음한다.

3. 왼쪽 앞판에서 90코 주워 가터뜨기 5단 뜬다.

4. 6단에서 3코 뜨고, (ㅅㅇ, 16코 뜨기) 4회 , ㅅㅇ, 13코 뜬다.

5. 11단까지 가터뜨기한 후 코막음한다.

옷깃 만들기

1. 5.5mm 대바늘로 오른쪽 앞목 20코씩(앞단 4단에서부터 코줍기 시작), 뒤목 24코, 왼쪽 앞목 20코씩(앞단 4단까지 코줍기) 회색으로 주워 가터뜨기 20단 뜬다(64코).

2. 6mm 대바늘로 바꿔서 가터뜨기 20단 뜨고 코막음으로 마무리한다.

마무리하기

1. 뒤판, 앞판을 겉끼리 마주대고 같이 뜨면서 코막음으로 양쪽 어깨 잇기한다.

2. 옆선을 연결한다.

3. 소매를 몸판에 연결한다.

4. 양쪽 주머니 입구 가터단 중앙에 단추를 달아 준다(2개).

5. 오른쪽 앞단에 단춧구멍에 맞춰서 단추 5개를 달아 준다.

   ※ 겨울옷은 안감을 넣어 주면 따뜻하고 좋습니다.

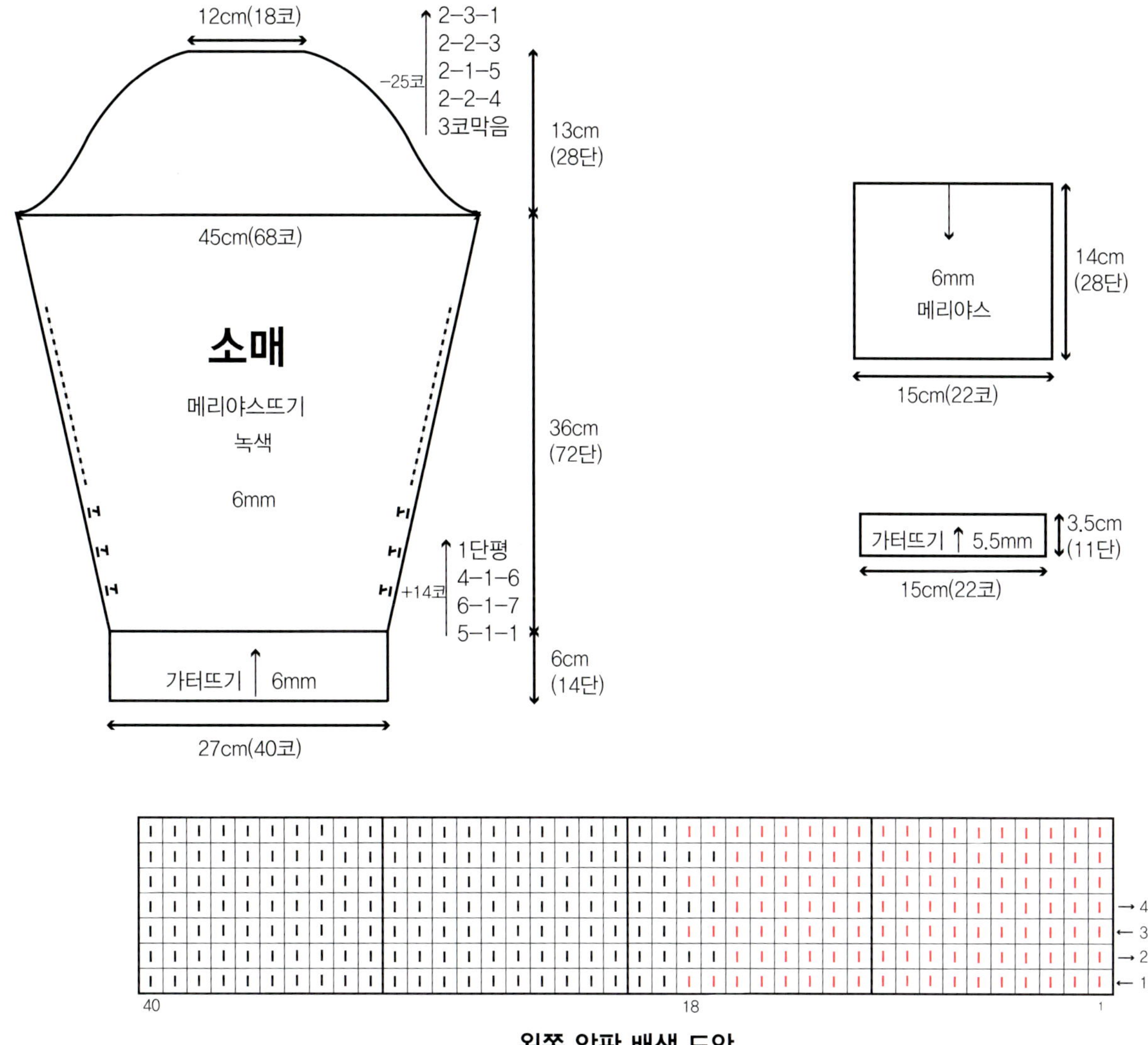

왼쪽 앞판 배색 도안

소매 만들기

1. 6mm 대바늘로 일반코 잡기 40코 회색으로 만들어 가터뜨기 14단 뜬다.

2. 녹색으로 바꾼 뒤 소매 늘리기(5-1-1, 6-1-7, 4-1-6, 1단평) 양쪽으로 하면서 메리야스뜨기한다(68코, 72단).

3. 소매산 줄임(1-3-1, 2-2-4, 2-1-5, 2-2-3, 2-3-1) 양쪽으로 하면서 메리야스뜨기한다(28단).

4. 남은 18코 코막음한다.

주머니 만들기

1. 5.5mm 대바늘로 앞판 만들기 **5**에서 남겨둔 20코에 회색 실로 양쪽에서 1코씩 만들어 가터뜨기 11단 뜬 후 코막음한다.

2. 6mm 대바늘로 주머니 안쪽에서 별실 풀어낸 20코에 녹색 실로 양쪽 1코씩 만들어 메리야스뜨기 28단 뜬 후 코막음한다.

3. 주머니 안쪽 꿰맬 때 겉에서 보이는 색으로 (베이지색, 회색) 해야 겉면이 예쁘다.

서로 만남 목도리

17^P

사용실과 사용량 : 매너 녹색 1볼, 베이지색 1볼, 빨간색 1볼 합 110g

사용 도구 : 8mm 대바늘

사이즈 : 폭 20cm, 길이 80cm

Tip : 색과 색 배색에서 너무 당겨도 안 되고 너무 느슨해도 안 됩니다. 첫 코는 살짝 당기고 두 번째 코는 평상시
조절 힘으로 하는 게 낫습니다.

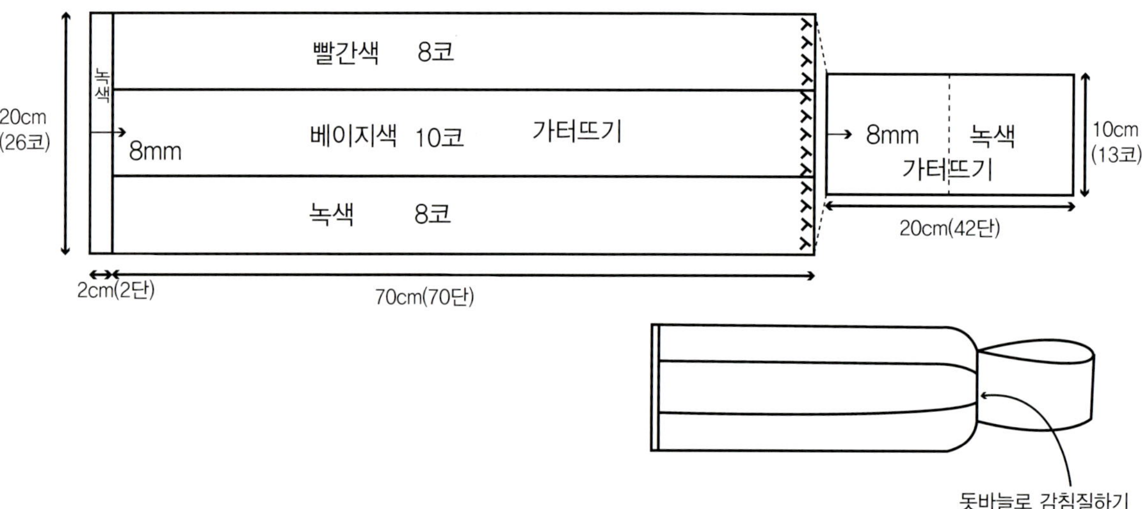

목도리 만들기

1. 녹색 실로 8mm 대바늘 사용하여 일반코 잡기로 26코 만들어 가터뜨기 2단 뜬다.

2. 녹색 8코, 베이지색 10코, 빨간색 8코, 가터뜨기 한 단 뜬다.

3. 뒤돌려 빨간색 8코 뜨고, 베이지색 실과 빨간색 실을 안쪽으로 옮겨 서로 교차해 준 후 바깥으로 실 옮겨 베이지색 10코 뜨고, 녹색 실
   과 베이지색 실을 안쪽으로 옮겨 서로 교차해 준 후 바깥으로 실 옮겨 녹색 10코 가터뜨기 뜬다.

4. 녹색 8코 뜨고, 베이지색 실과 녹색 실을 서로 교차해 준 후 베이지색 10코 뜨고, 베이지색 실과 빨간색 실을 서로 교차해 준 후 빨간색
   10코 가터뜨기 뜬다.

5. 3과 4를 반복하며 70단 뜬다.

6. 녹색 실로 두 코씩 한 번에 뜨기 13번을 해서 26코가 13코 되도록 하여 42단 뜬 후 코막음한다.

7. 13코로 42단 뜬 것을 반 접어 돗바늘로 두 코씩 모아뜨기 한 곳에 감침질로 이어준다.

KNIT LOVE WORKSHOP
BLEND
이용화 | 니팅미르

18 P

사용실과 사용량 : 빈센트리치 6681 라일락 200g

사용 도구 : 5.5mm, 7mm 대바늘

사이즈 : 길이 31cm, 품 96cm (6~7세)

Tip : 조금 더 루즈한 작품을 원하신다면 무늬뜨기 시 감아코를 느슨하게 감아 주세요.

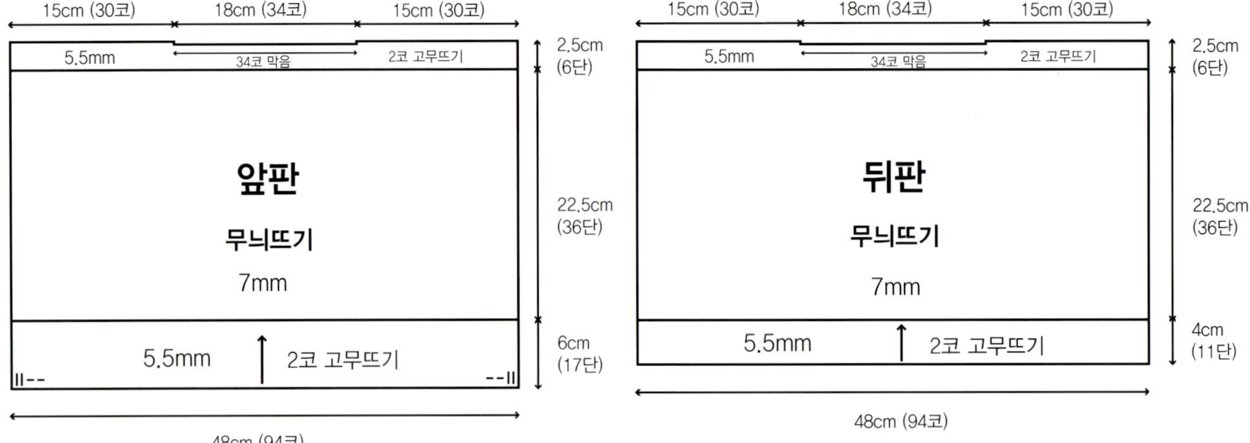

뒤판 만들기

1. 5.5mm 대바늘 사용하여 다른 실로 끌어올리기 코 만드는 방법으로 94코 만들어 2코 고무뜨기 17단 한다.

2. 7mm 대바늘로 바꿔 18단(안쪽)부터 무늬뜨기 36단 뜬다.

3. 5.5mm 대바늘로 바꿔 54단(안쪽)부터 2코 고무뜨기 5단 뜬다.

4. 6단째는 30코를 뜨고 안전핀에 걸어둔다.

5. 34코는 코막음(덮어씌워 마무리)하고 남은 30코를 뜨고 안전핀에 걸어둔다.

앞판 만들기

1. 5.5mm 대바늘 사용하여 다른 실로 끌어올리기 코 만드는 방법으로 94코 만들어 2코 고무뜨기 11단 한다.

2. 7mm 대바늘로 바꿔 12단(안쪽)부터 무늬뜨기 36단 뜬다.

3. 5.5mm 대바늘로 바꿔 48단(안쪽)부터 2코 고무뜨기 5단 뜬다.

4. 6단째는 30코를 뜨고 안전핀에 걸어둔다.

5. 34코는 코막음(덮어씌워 마무리)하고 남은 30코를 뜨고 안전핀에 걸어둔다.

※ 무늬뜨기할 때와 옆선 꿰매고 난 후 cm 차이가 납니다. 기재된 cm는 완성 후 cm입니다.

※ 감아코할 때 개인 차이가 있으니 참고하세요.

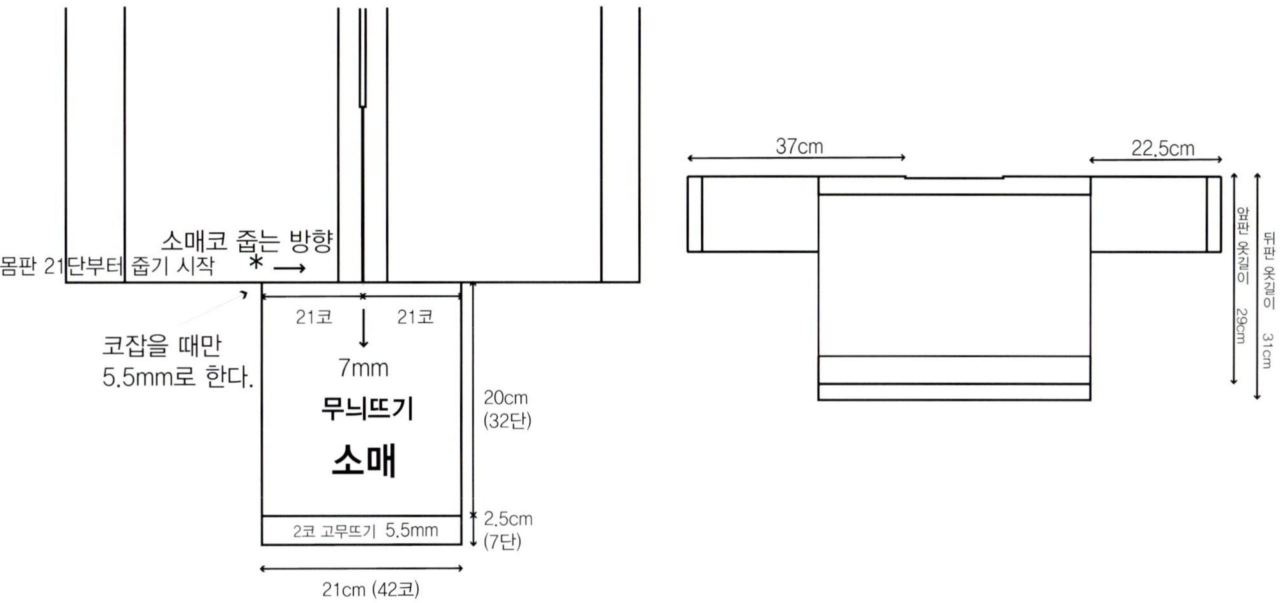

소매 만들기

1. 앞판, 뒤판을 겉끼리 마주대고 안쪽에서 같이 떠서 덮어씌워 어깨를 이어 준다.

2. * 표시 부분에 겉쪽에서 5.5mm 대바늘로 (앞판 21단부터 고무단 5단, 뒤판 고무단 5단, 36단부터 21단까지) 42코 직접 줍는다.

3. 7mm 대바늘로 바꿔 무늬뜨기 32단 뜬다.

4. 5.5mm 대바늘로 바꿔 2코 고무뜨기 7단하고 코막음 마무리한다.

마무리하기

1. 소매와 몸통을 돗바늘로 꿰맨다.

2. 몸통은 고무단 전까지만 연결한다.

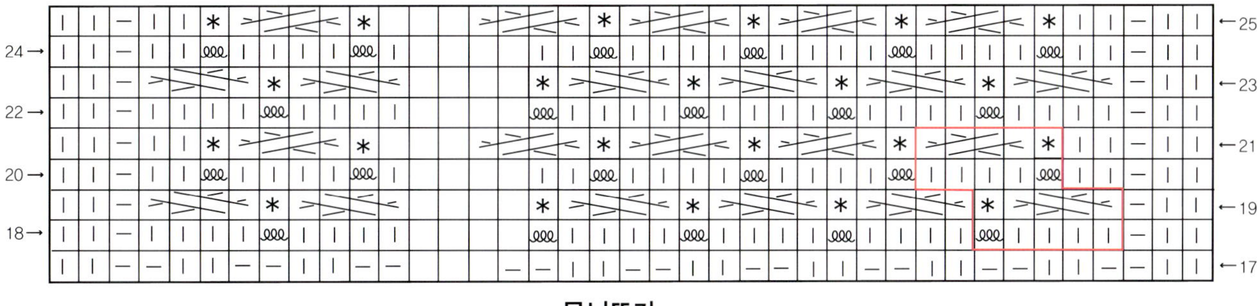

무늬뜨기

*19번 무늬뜨기   ⊞ 는 18번에서 3번 감아준 실을 풀어서 뒤편으로 빼놓는다.
완성 후 세탁하면 길었던 실이 꽈배기 무늬 쪽으로 조절된다.

KNIT LOVE WORKSHOP

BLEND

박향숙 | 손뜨개이야기

작가 이력

수편물 국가 자격증

니트 디자인. 제도. 도안. 게이지 작업

13년째 손뜨개이야기 뜨개숍 운영 중

나비와 꽃들이 있는 블랭킷

19^P

사용실과 사용량 : 빈센트 3p 2749 1볼, 2733 1볼, 2771 1볼, 2760 1볼, 2744 1볼, 2764 1볼 , 2775 1볼, 검은색 조금

사용 도구 : 아프간바늘 4.5mm, 코바늘 5호

사이즈 : 가로 66cm, 세로 86cm

Tip : 플레인 아프간 뜨개 조직은 사선으로 짜여집니다. 니터들이 짤 때는 약간 느슨하게 짜야 원하는 치수가 나옵니다.

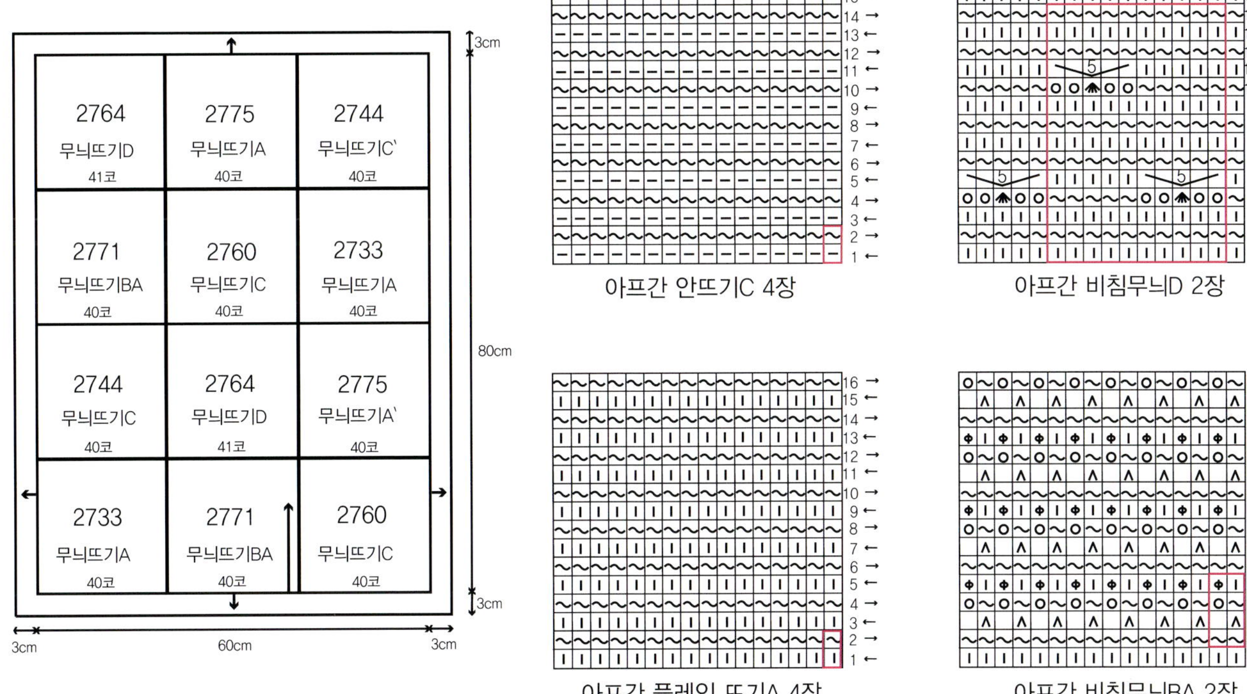

블랭킷 만들기

1. 빈센트 3p 2733(회색)으로 아프간바늘 4.5mm 사용하여 사슬 40코 만들고 기둥코 1코 세워 아프간 플레인 뜨기A 2장 만든다.

2. 빈센트 3p 2771(연녹색)로 아프간바늘 4.5mm 사용하여 사슬 40코 만들고 기둥코 1코 세워 아프간 비침무늬 뜨기BA 2장 만든다.

3. 빈센트 3p 2760(노란색)으로 아프간바늘 4.5mm 사용하여 사슬 40코 만들고 기둥코 1코 세워 아프간 안뜨기C 2장 만든다.

4. 빈센트 3p 2744(보라색)로 아프간바늘 4.5mm 사용하여 사슬 40코 만들고 기둥코 1코 세워 아프간 안뜨기C 2장 만든다.

5. 빈센트 3p 2764(연분홍색)로 아프간바늘 4.5mm 사용하여 사슬 40코 만들고 기둥코 1코 세워 아프간 비침무늬 뜨기D 2장 만든다.

6. 빈센트 3p 2775(진분홍색)로 아프간바늘 4.5mm 사용하여 사슬 40코 만들고 기둥코 1코 세워 아프간 플레인 뜨기A 2장 만든다.

7. 12장을 색상 배치하여 빈센트 3p 2749(청록색)로 겉면에서 걸어뜨기로 연결한다.

아프간 무늬는 플레인 조직으로서, 시작과 끝나는 쪽이 약간 사선으로 만들어진다. 그래서 약간 뜨개가 반듯하지 않다.

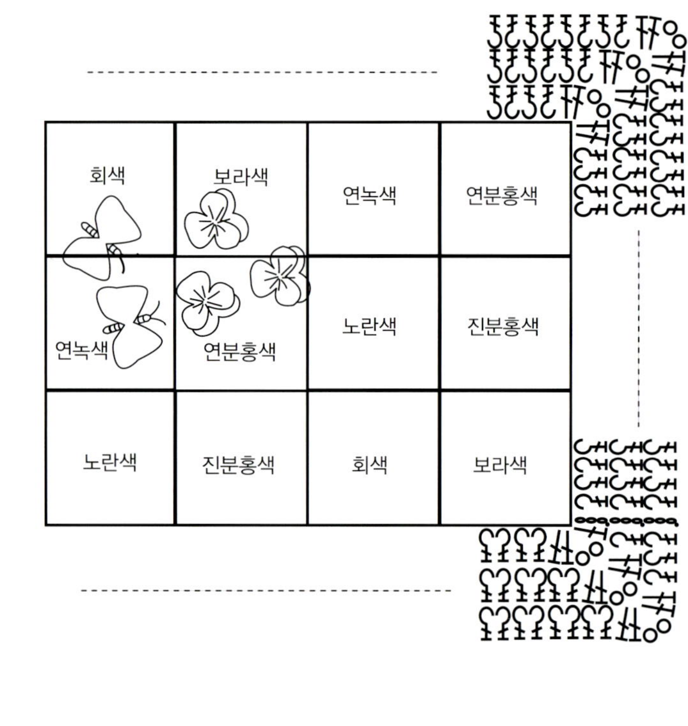

테두리 만들기

1. 코바늘 5호로 도안을 참고하여 3단 뜬다.

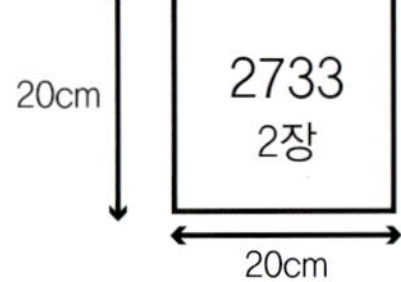

나비와 꽃잎 만들기

1. 큰 꽃잎 3장을 도안을 참고하여 만든다.

2. 작은 꽃잎 3장을 도안을 참고하여 만든다.

3. 나비 몸을 새우등뜨기로 2개 만든다.

4. 나비 날개 2개를 도안을 참고하여 만든다.

5. 작은 꽃잎 위에 큰 꽃잎을 얹어 고정한다.

6. 꽃잎 가운데 수술을 표현해 준다(스트라이프 스티치).

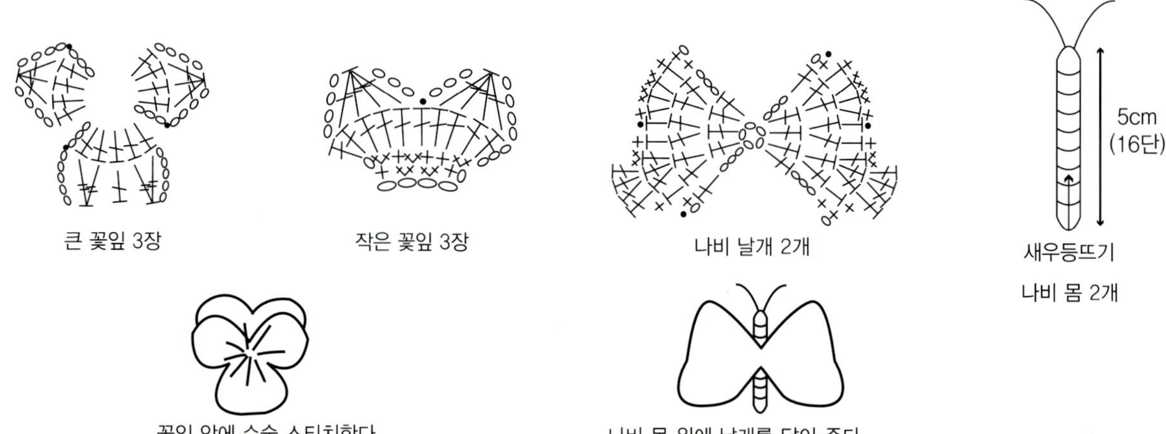

포그니 아프간 카디건

20P

사용실과 사용량 : 빈센트 2771번 올리브 400g, 키드모헤어 552번 그린 400g

사용 도구 : 4mm, 4.5mm 아프간바늘, 단추 1.5cm 지름 6개

사이즈 : 가슴둘레 85cm, 길이 58.5cm, 소매 59cm, 게이지 19코 12.5단

Tip : 아프간 메리야스로 앞, 뒤, 소매를 짜고 안쪽 면을 겉으로 나오도록 봉합하여 카디건을 완성합니다. 요철 아프간뜨기로
밑단을 짜줍니다. 단 봉접하지 않고, 옆선 트임으로 완성합니다.

뜨는 법

1. 아프간 메리야스로 앞, 뒤, 소매까지 짜고 안쪽 면을 겉으로 나오도록 봉합하여 카디건을 완성한다.

A 아프간 플레임 메리야스

B 요철 아프간뜨기

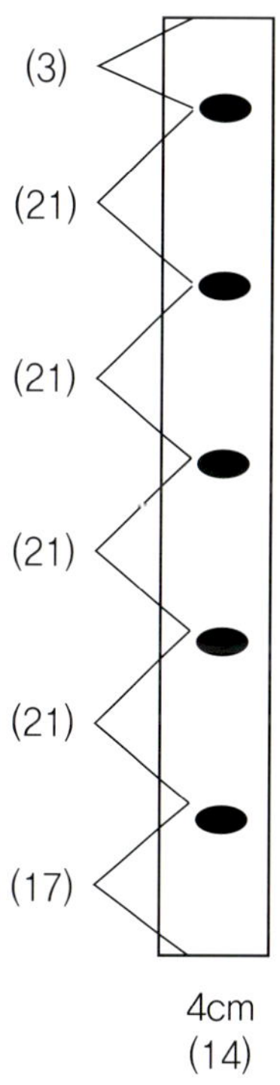

단춧구멍

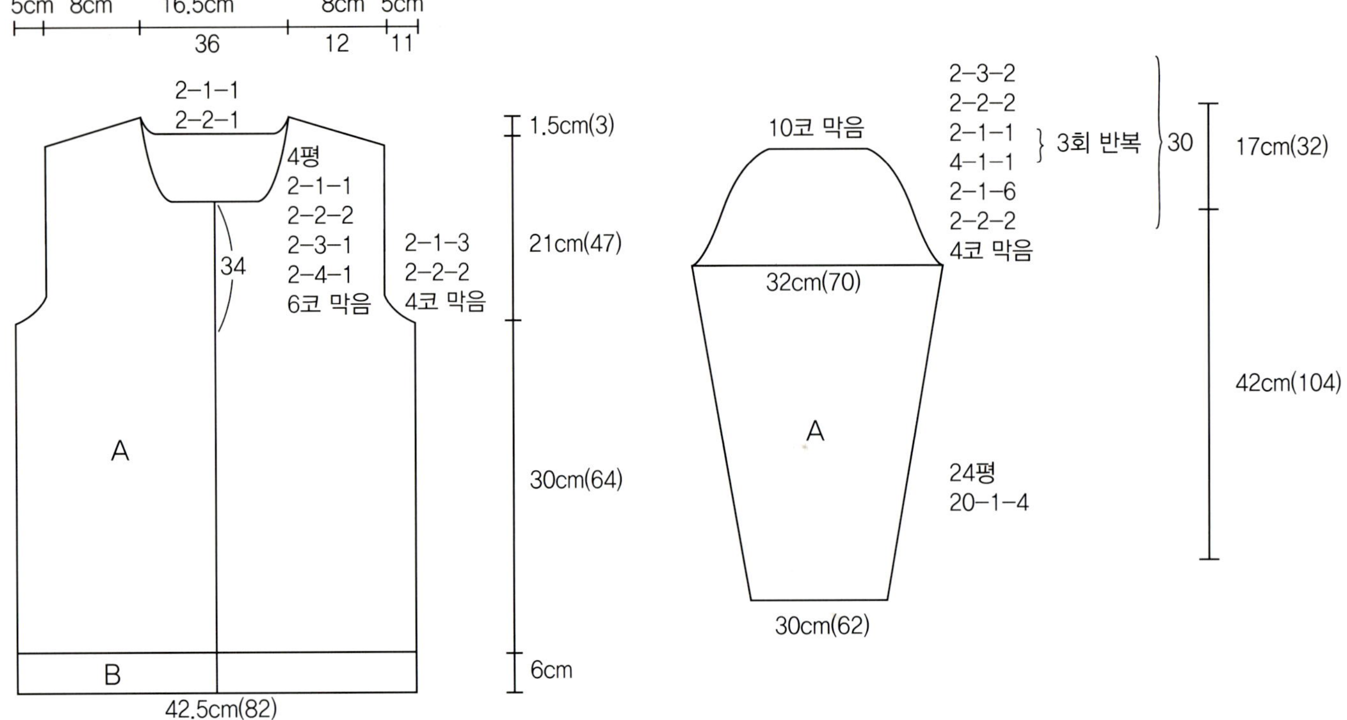

밑단

1. 요철 아프간뜨기로 밑단을 짠다.

2. 밑단은 옆선을 봉합하지 않고 트임으로 완성한다.

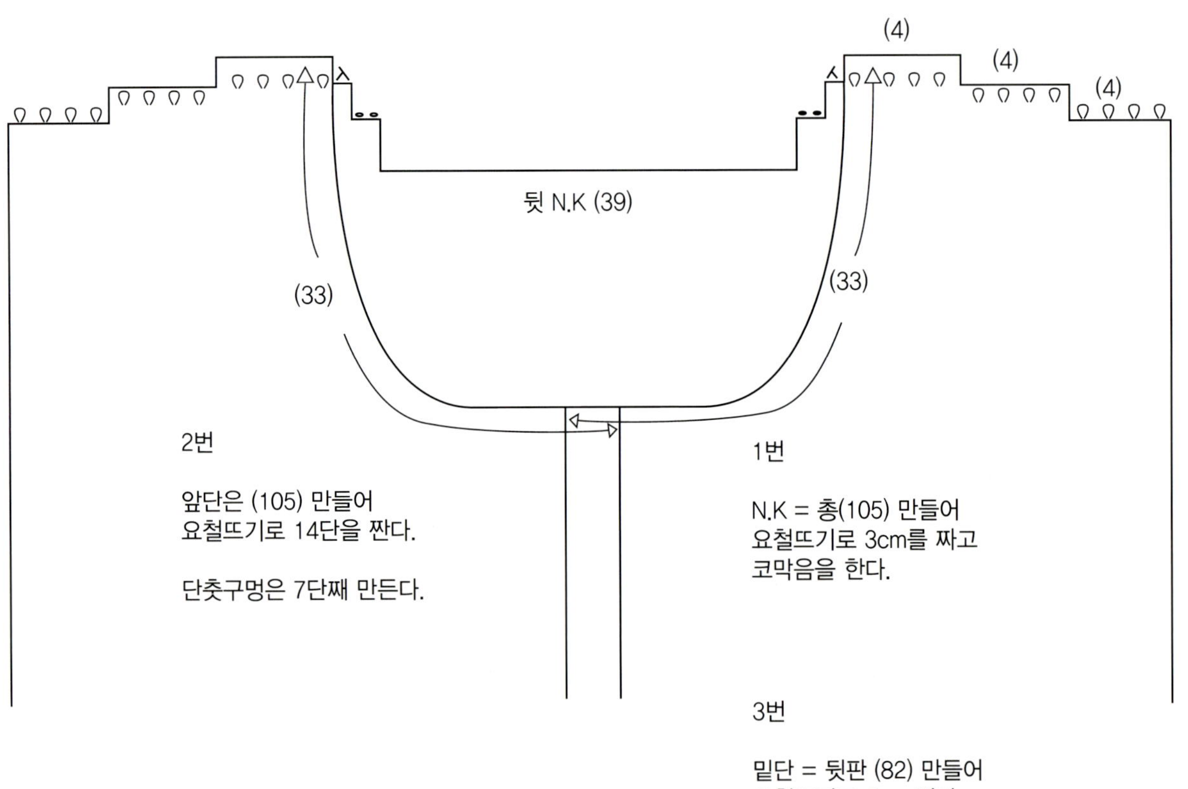

2번

앞단은 (105) 만들어
요철뜨기로 14단을 짠다.

단춧구멍은 7단째 만든다.

1번

N.K = 총(105) 만들어
요철뜨기로 3cm를 짜고
코막음을 한다.

3번

밑단 = 뒷판 (82) 만들어
요철뜨기로 6cm 짠다.

앞판 각각 (41) 만들어
요철뜨기로 짠다.

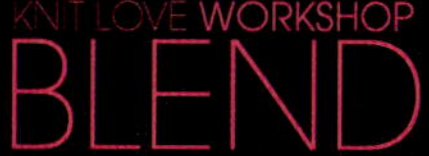

KNIT LOVE WORKSHOP
BLEND

장임순 | 아미돌

작가 이력

2006 '아미구루미' 손뜨개인형 네이버카페 운영

2007 손뜨개인형 전문 쇼핑몰 오픈

2008 코바늘 & 대바늘인형 오프라인 강의

2010 서울인형전시회 참여작가

2011 LPGA선수들 단체 골프커버 제작

2013 니트러브 소품 공모전 제3회 특별상 수상

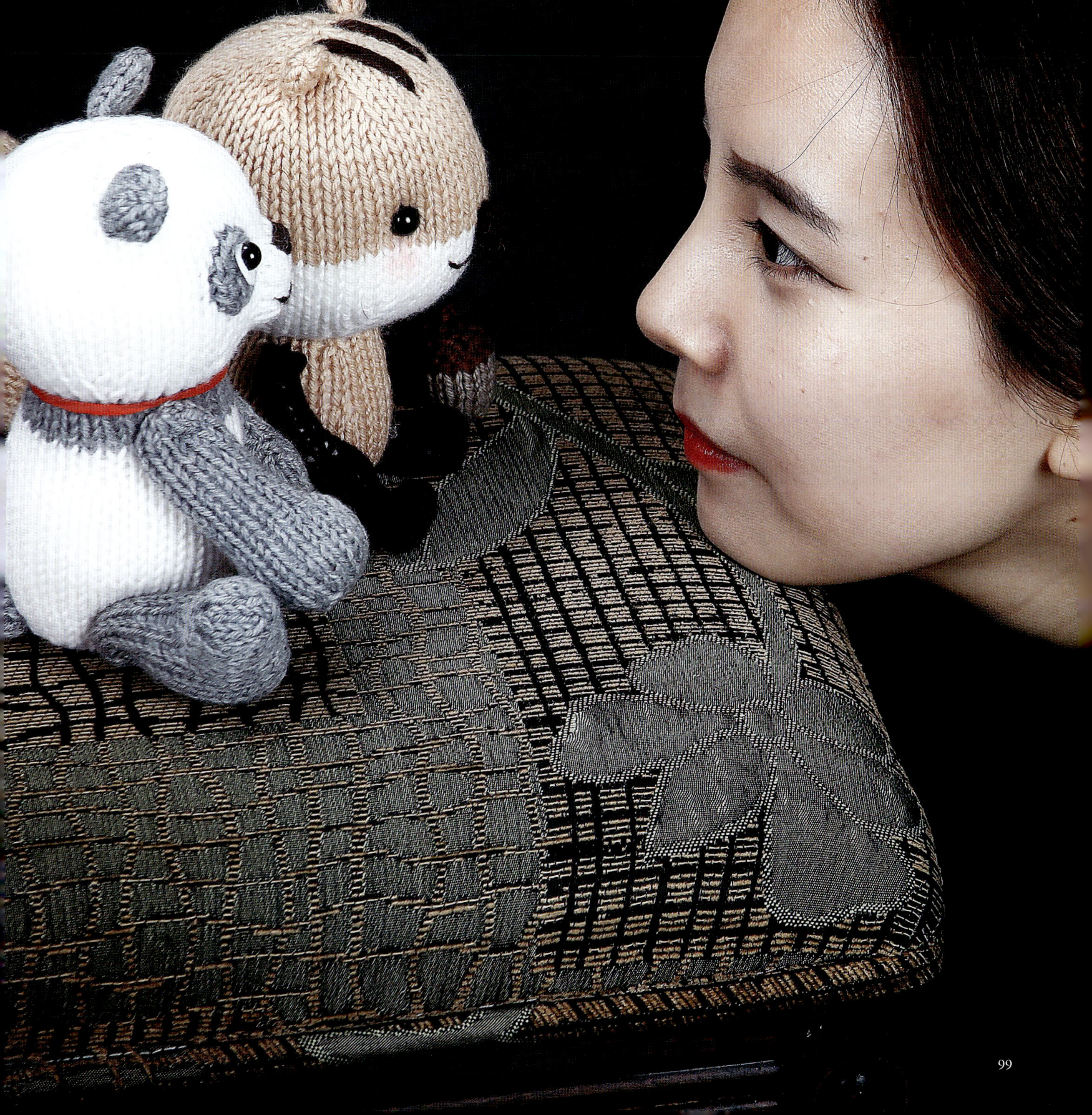

21P

사용실과 사용량 : 해피울 801번 흰색, 825번 연갈색, 813번 진밤색, 835번 앤티크베이지색 각 1볼,
847번 진갈색 약간

사용 도구 : 3.5mm대바늘, 9mm 검정 단추눈 2개

사이즈 : 13 x 20cm

Tip : 몸통 아래 펠릿을 채워주면 잘 앉습니다.

머리

1. 연갈색 실로 8코를 잡는다.

2. 안뜨기로 한 단 떠준다.

3. 늘리기를 8번 해준다(16코).

4. 안뜨기로 한 단 뜬다.

5. [겉뜨기 1코, 늘리기 1번]을 8번 반복해준다(24코).

6. 안뜨기로 한 단 뜬다.

7. [겉뜨기 2코, 늘리기 1번]을 8번 반복해준다(32코).

8. 안뜨기로 한 단 뜬다.

9. [겉뜨기 3코, 늘리기 1번]을 8번 반복해준다(40코).

10. 안뜨기로 한 단 뜬다.

11. [겉뜨기 4코, 늘리기 1번]을 8번 반복해준다(48코).

12. 안뜨기부터 메리야스뜨기 9단을 뜬다.

13. 흰색 실로 연결하여 겉뜨기부터 메리야스뜨기 6단을 뜬다.

14. [겉뜨기 4코, 줄이기 1번]을 8번 반복해준다(40코).

15. 안뜨기로 한 단 뜬다.

16. [겉뜨기 3코, 줄이기 1번]을 8번 반복해준다(32코).

17. 안뜨기로 한 단 뜬다.

18. [겉뜨기 2코, 줄이기 1번]을 8번 반복해준다(24코).

19. 안뜨기로 한 단 뜬다.

20. [겉뜨기 1코, 줄이기 1번]을 8번 반복해준다(16코).

21. 코막음을 하여 마무리한다.

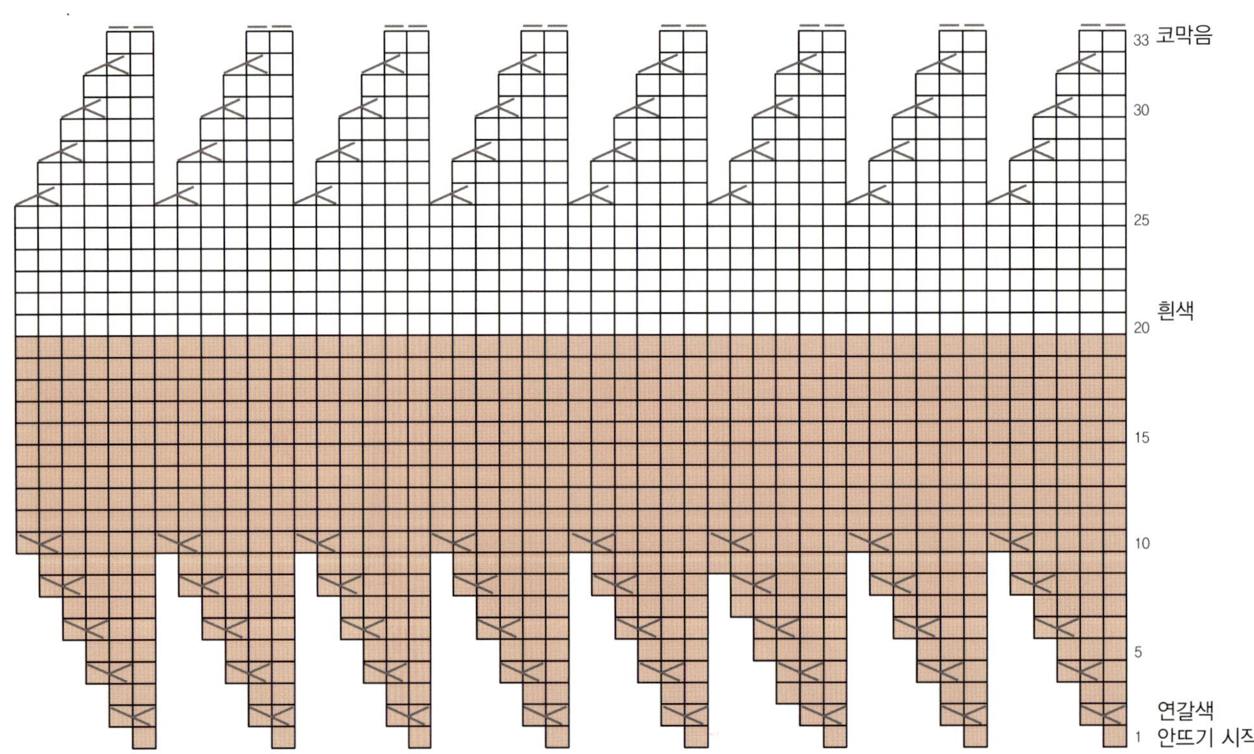

1. 연갈색 실로 18코를 잡는다.

2. 메리야스뜨기 2단을 뜬다.

3. [겉뜨기 2코, 늘리기 1번]을 6번 반복해준다(24코).

4. 안뜨기부터 메리야스뜨기 5단을 뜬다.

5. [겉뜨기 3코, 늘리기 1번]을 6번 반복해준다(30코).

6. 안뜨기부터 메리야스뜨기 9단을 뜬다.

7. [겉뜨기 1코, 줄이기 1번]을 10번 반복해준다(20코).

8. 안뜨기로 한 단 뜬다.

9. 줄이기 10번을 한다(10코).

10. 돗바늘로 코를 통과시켜 동그랗게 오므려 준다.

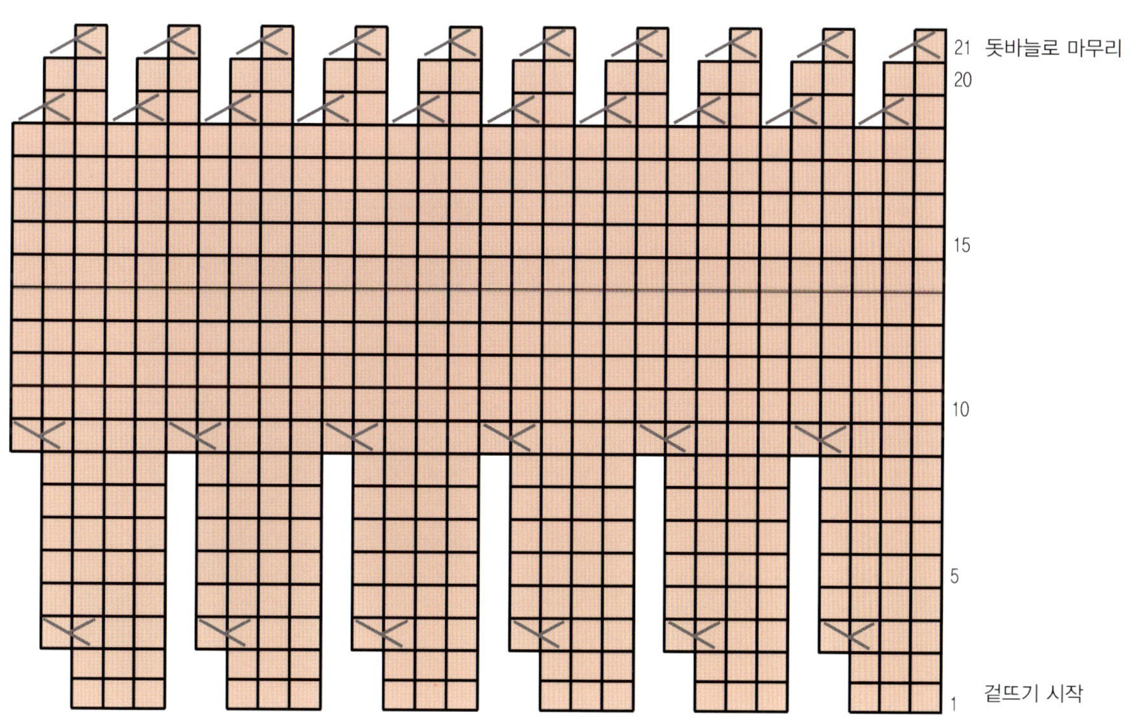

팔 – 2장 뜬다.

1. 진밤색 실로 6코를 잡는다.

2. 안뜨기로 한 단 뜬다.

3. 늘리기 6번을 한다(12코).

4. 메리야스뜨기 3단을 뜬다.

5. 겉뜨기 1코, 줄이기 5번, 겉뜨기 1코를 떠준다(7코).

6. 메리야스뜨기 9단을 뜬다.

7. 양쪽에서 1코씩 줄인다(5코).

8. 안뜨기로 한 단 뜬다.

9. 양쪽에서 1코씩 줄인다(3코).

10. 코막음으로 마무리한다.

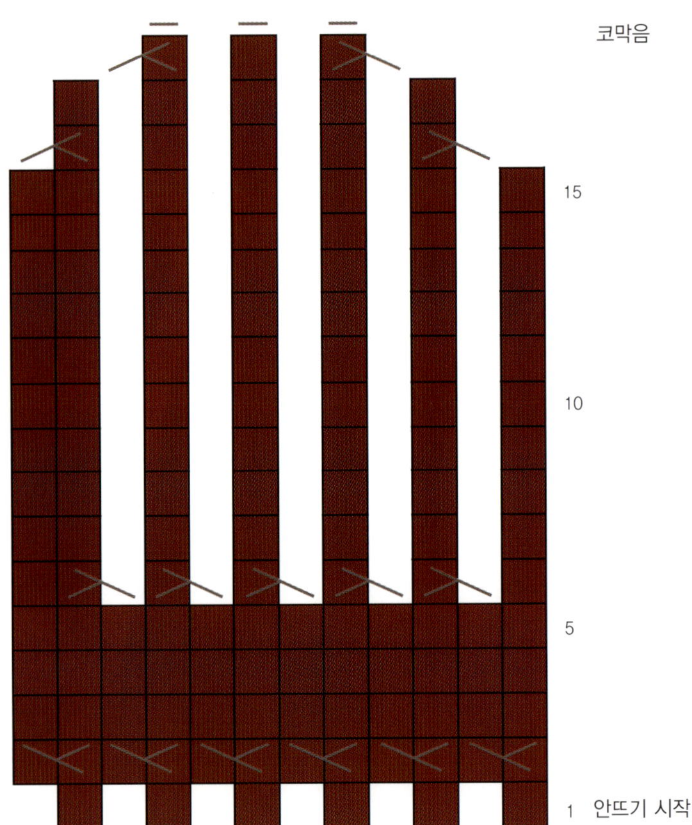

다리 – 2장 뜬다.

1. 진밤색 실로 8코를 잡는다.

2. 메리야스뜨기 10단을 뜬다.

3. 돗바늘로 코를 통과시켜 동그랗게 오므려 준다

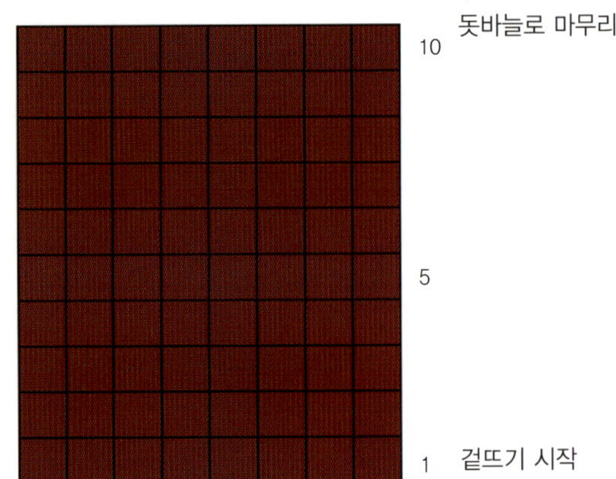

발 – 2장 뜬다.

1. 진밤색 실로 8코를 잡는다.

2. 메리야스뜨기 2단을 뜬다.

3. 돗바늘로 코를 통과시켜 동그랗게 오므려 준다.

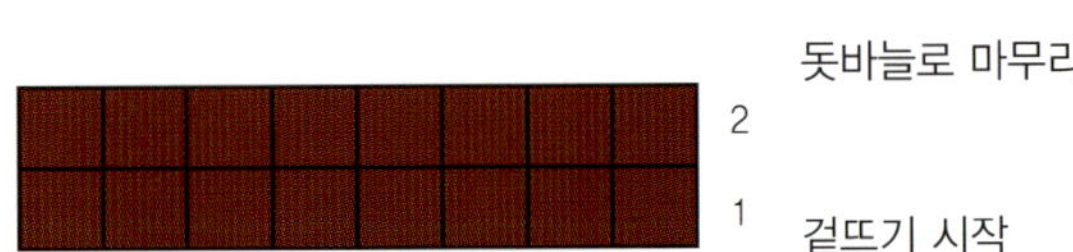

코

1. 진밤색 실로 7코를 잡는다.
2. 메리야스뜨기 2단을 떠준다.
3. 돗바늘로 코를 통과시켜 동그랗게 오므려 준다.

귀 – 2장 뜬다.

1. 연갈색 실로 6코를 잡는다.
2. 안뜨기로 한 단을 뜬다.
3. [겉뜨기 1코, 늘리기 1번]을 3번 반복한다(9코).
4. 안뜨기로 한 단을 뜬다.
5. 돗바늘로 코를 통과시켜 동그랗게 오므려 준다.

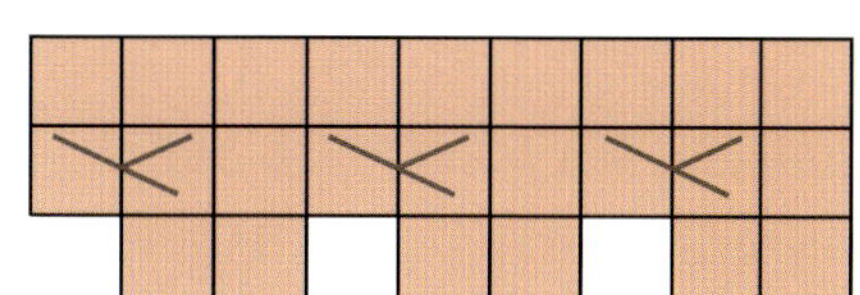

도토리

1. 앤티크베이지색 실로 8코를 잡는다.
2. 안뜨기로 한 단을 뜬다.
3. 늘리기 8번을 해준다(16코).
4. 안뜨기부터 메리야스뜨기 4단을 떠준다.
5. 진갈색 실로 이어서 겉뜨기를 한 단 뜬다.
6. 겉뜨기로 2코 모아뜨기 8번을 한다(8코).
7. 돗바늘로 코를 통과시켜 동그랗게 오므려 준다.

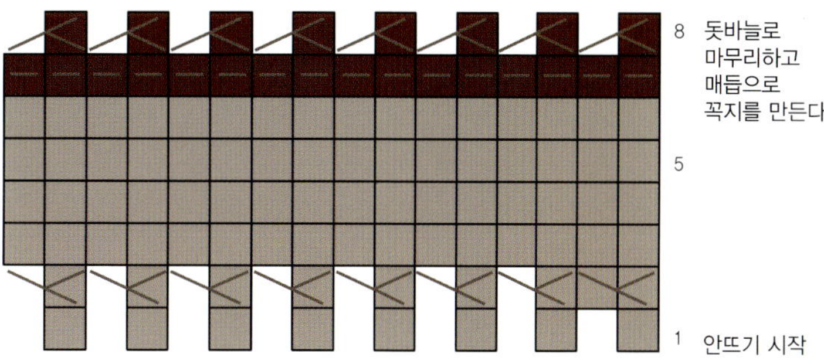

1. 연갈색 실로 18코를 잡는다.

2. 메리야스뜨기 2단을 뜬다.

3. [겉뜨기 2코, 늘리기 1번]을 6번 반복한다(24코).

4. 안뜨기로 한 단을 뜬다.

5. 겉뜨기 8코를 하고 실을 앞으로 넘기고 빼뜨기를 한 코 하고 실을 뒤로 넘기고 뒤집는다(8코).

6. 위에서 한 빼뜨기 한 코 하고 안뜨기로 8코를 뜬다.

7. 겉뜨기 7코를 하고 실을 앞으로 넘기고 빼뜨기를 한 코 하고 실을 뒤로 넘기고 뒤집는다(7코).

8. 위에서 한 빼뜨기 한 코 하고 안뜨기로 8코를 뜬다.

9. 겉뜨기 6코를 하고 실을 앞으로 넘기고 빼뜨기를 한 코 하고 실을 뒤로 넘기고 뒤집는다(6코).

10. 위에서 한 빼뜨기 한 코 하고 안뜨기로 6코를 뜬다.

11. 겉뜨기 5코를 하고 실을 앞으로 넘기고 빼뜨기를 한 코 하고 실을 뒤로 넘기고 뒤집는다(5코).

12. 위에서 한 빼뜨기 한 코 하고 안뜨기로 5코를 뜬다.

13. 겉뜨기 4코를 하고 실을 앞으로 넘기고 빼뜨기를 한 코 하고 실을 뒤로 넘기고 뒤집는다(4코).

14. 위에서 한 빼뜨기 한 코 하고 안뜨기로 4코를 뜬다.

15. 겉뜨기로 한 단을 뜬다(24코).

16. 안뜨기 8코를 하고 실을 뒤로 넘기고 빼뜨기를 한 코 하고 실을 앞으로 넘기고 뒤집는다(8코).

17. 위에서 한 빼뜨기 한 코 하고 겉뜨기로 8코를 뜬다.

18. 안뜨기 7코를 하고 실을 뒤로 넘기고 빼뜨기를 한 코 하고 실을 앞으로 넘기고 뒤집는다(7코).

19. 위에서 한 빼뜨기 한 코 하고 겉뜨기로 7코를 뜬다.

20. 안뜨기 6코를 하고 실을 뒤로 넘기고 빼뜨기를 한 코 하고 실을 앞으로 넘기고 뒤집는다(6코).

21. 위에서 한 빼뜨기 한 코 하고 겉뜨기로 6코를 뜬다.

22. 안뜨기 5코를 하고 실을 뒤로 넘기고 빼뜨기를 한 코 하고 실을 앞으로 넘기고 뒤집는다(5코).

23. 위에서 한 빼뜨기 한 코 하고 겉뜨기로 5코를 뜬다.

24. 안뜨기 4코를 하고 실을 뒤로 넘기고 빼뜨기를 한 코 하고 실을 앞으로 넘기고 뒤집는다(4코).

25. 위에서 빼뜨기 한 코 하고 겉뜨기로 4코를 뜬다.

26. 안뜨기로 한 단 뜬다(24코).

27. [겉뜨기 7코, 늘리기 1번]을 3번 반복한다(27코).

28. 메리야스뜨기 3단을 뜬다.

29. [겉뜨기 8코, 늘리기 1번]을 3번 반복한다(30코).

30. 메리야스뜨기 3단을 뜬다.

31. [겉뜨기 9코, 늘리기 1번]을 3번 반복한다(33코).

32. 메리야스뜨기 7단을 뜬다.

33. [겉뜨기 10코, 늘리기 1번]을 3번 반복한다(36코).

34. 메리야스뜨기 3단을 뜬다.

35. [겉뜨기 11코, 늘리기 1번]을 3번 반복한다(39코).

36. 메리야스뜨기 3단을 뜬다.

37. [겉뜨기 12코, 늘리기 1번]을 3번 반복한다(42코).

38. 메리야스뜨기 3단을 뜬다.

39. [겉뜨기 1코, 줄이기 1번]을 14번 반복한다(28코).

40. 안뜨기 한 단을 뜬다.

41. 줄이기를 14번 한다(14코).

42. 안뜨기로 줄이기를 7번 한다(7코).

43. 돗바늘로 코를 통과시켜 동그랗게 오므려 준다.

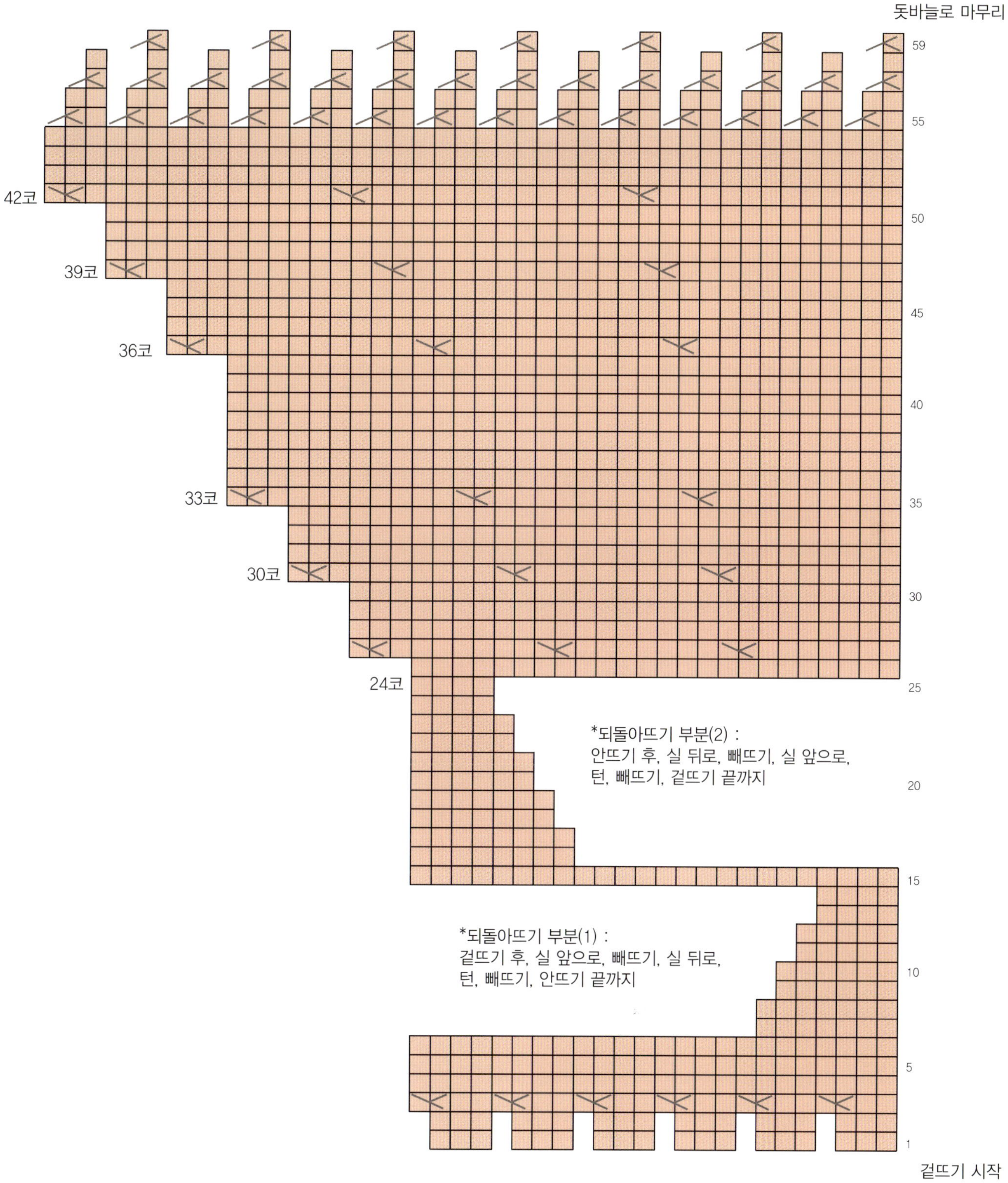

돗바늘로 마무리
59
55
50
45
40
35
30
25
20
15
10
5
1
42코
39코
36코
33코
30코
24코
*되돌아뜨기 부분(2) :
안뜨기 후, 실 뒤로, 빼뜨기, 실 앞으로,
턴, 빼뜨기, 겉뜨기 끝까지
*되돌아뜨기 부분(1) :
겉뜨기 후, 실 앞으로, 빼뜨기, 실 뒤로,
턴, 빼뜨기, 안뜨기 끝까지
겉뜨기 시작

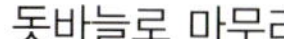

21ᴾ

사용실과 사용량 : 해피울 801번 흰색, 810번 회색 각 1볼
사용 도구 : 3.5mm 대바늘, 8mm 검정 단추눈 2개
사이즈 : 13 x 20cm
Tip : 판다의 경우는 팔다리가 실조인트입니다. 몸통에 솜을 통통하게 채워주세요.

머리

1. 흰색 실로 30코를 잡는다.

2. 안뜨기로 한 단 떠준다.

3. [겉뜨기 4코, 늘리기 1번]을 6번 반복해준다(36코).

4. 안뜨기로 한 단 뜬다.

5. [겉뜨기 5코, 늘리기 1번]을 6번 반복해준다(42코).

6. 안뜨기부터 메리야스뜨기로 15단 떠준다.

7. [겉뜨기 1코, 줄이기 1번]을 14번 반복해준다(28코).

8. 안뜨기로 한 단 뜬다.

9. 줄이기를 14번 떠준다(14코).

10. 안뜨기로 줄이기 7번을 떠준다(7코).

11. 돗바늘로 코를 통과시켜 동그랗게 오므려 준다.

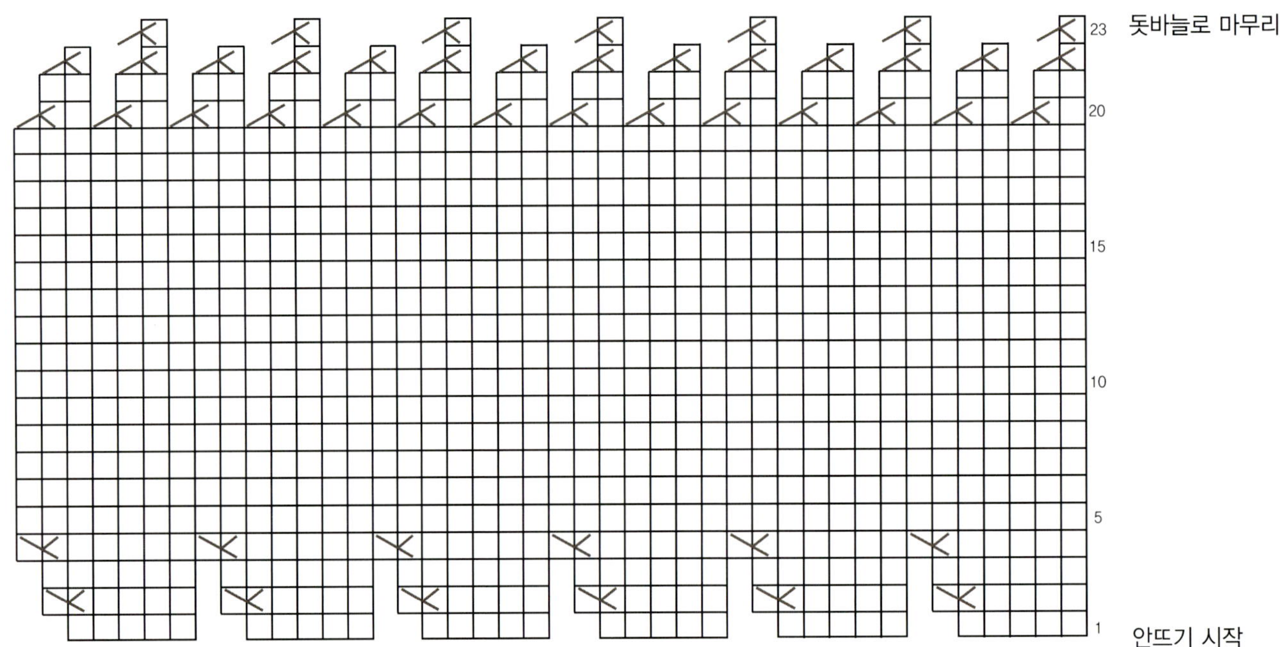

몸통

1. 회색 실로 30코를 잡는다.

2. 겉뜨기부터 메리야스뜨기 4단을 뜬다.

3. 흰색으로 바꿔서 메리야스뜨기 4단을 한다.

4. [겉뜨기 4코, 늘리기 1번]을 6번 반복한다(36코).

5. 안뜨기부터 메리야스뜨기 15단을 뜬다.

6. [겉뜨기 1코, 줄이기 1번]을 12번 반복한다(24코).

7. 안뜨기 한 단을 뜬다.

8. 줄이기를 12번 한다(12코).

9. 돗바늘로 코를 통과시켜 동그랗게 오므려 준다.

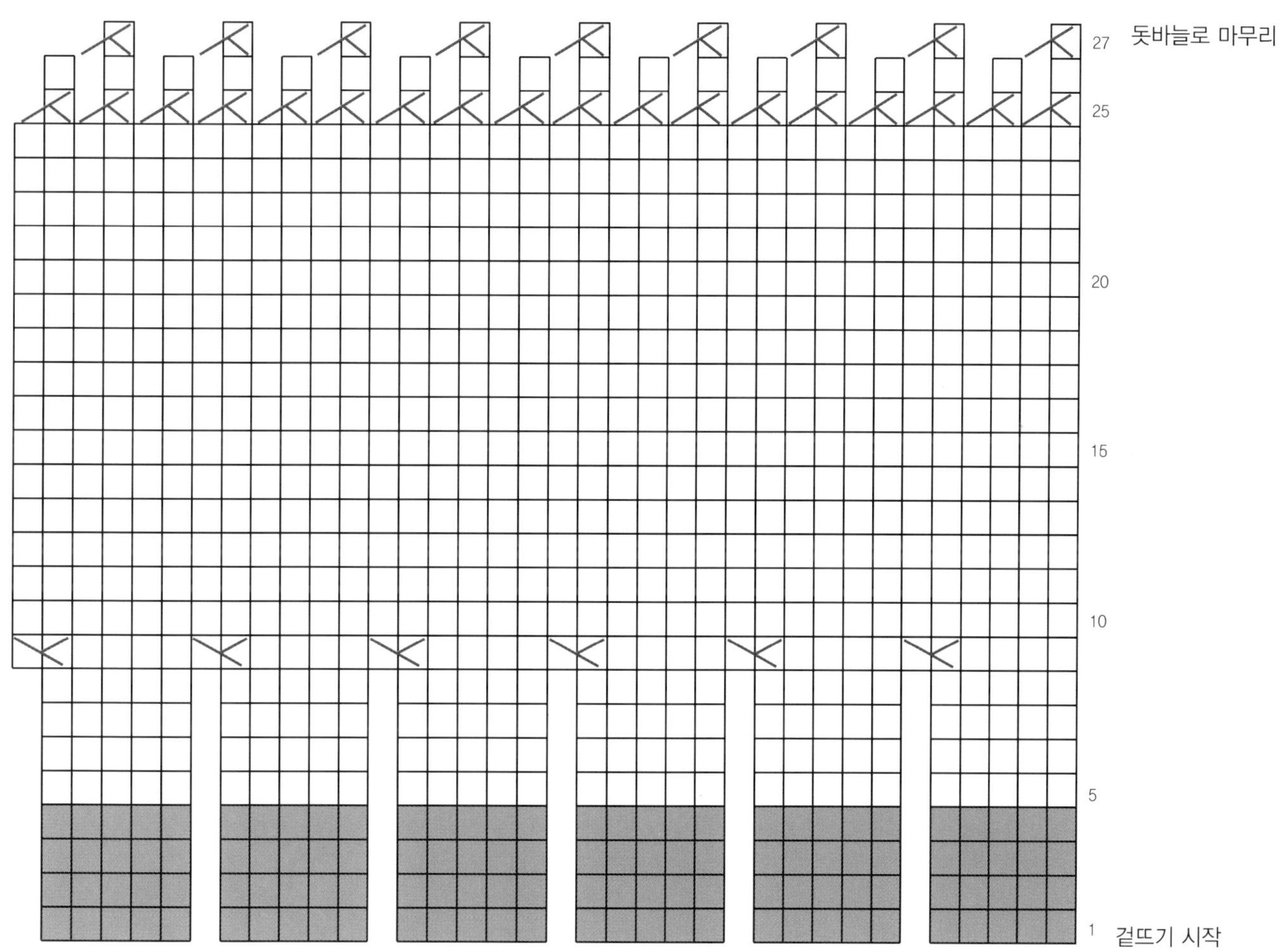

1. 회색 실로 12코를 잡는다.

2. 안뜨기 한 단을 뜬다.

3. [겉뜨기 1코, 늘리기 1번]을 5번 반복하고 겉뜨기 2코를
   뜬다(17코).

4. 안뜨기부터 메리야스뜨기 5단을 뜬다.

5. 코막음 2코를 하고 겉뜨기 14코를 떠준다(15코).

6. 코막음 2코를 하고 안뜨기 13코를 떠준다(13코).

7. 줄이기 1번 하고 겉뜨기 12코를 떠준다(12코).

8. 줄이기 1번 하고 안뜨기 11코를 뜬다(11코).

9. 겉뜨기부터 메리야스뜨기 12단을 뜬다.

10. 겉뜨기 2코, 줄이기 1번, 겉뜨기 3코, 줄이기 1번, 겉뜨
    기 2코를 뜬다(9코).

11. 돗바늘로 코를 통과시켜 동그랗게 오므려 준다.

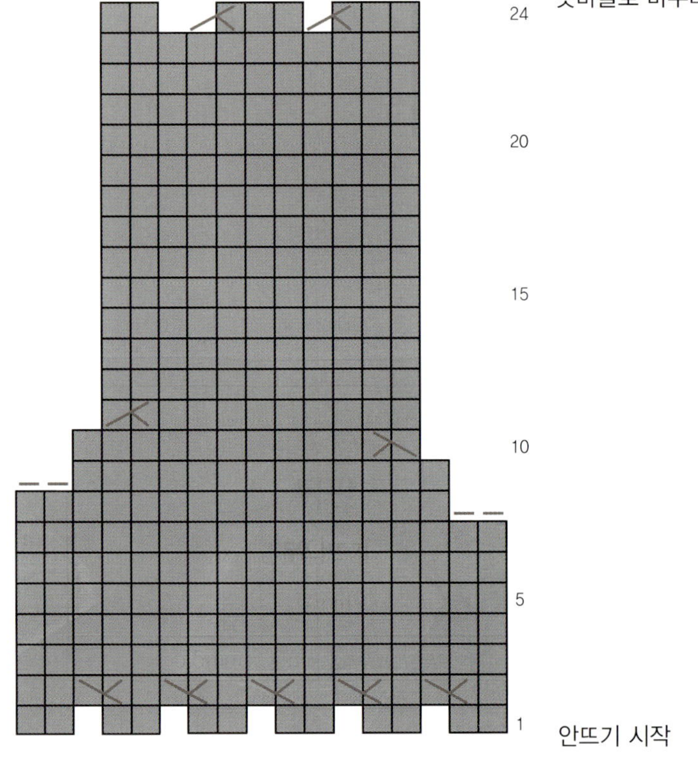

1. 회색 실로 20코를 잡는다.

2. 안뜨기 한 단을 뜬다.

3. 겉뜨기 8코, 늘리기 4번, 겉뜨기 8코를 떠준다(24코).

4. 안뜨기부터 메리야스뜨기 3단을 뜬다.

5. 겉뜨기 8코, 줄이기 4번, 겉뜨기 8코를 떠준다(20코).

6. 안뜨기 한 단을 뜬다.

7. 겉뜨기 7코, 코막음 6코, 겉뜨기 6코를 떠준다(14코).

8. 안뜨기로 양쪽 7코를 이어준다.

9. 겉뜨기부터 메리야스뜨기 9단을 뜬다.

10. 돗바늘로 코를 통과시켜 동그랗게 오므려 준다.

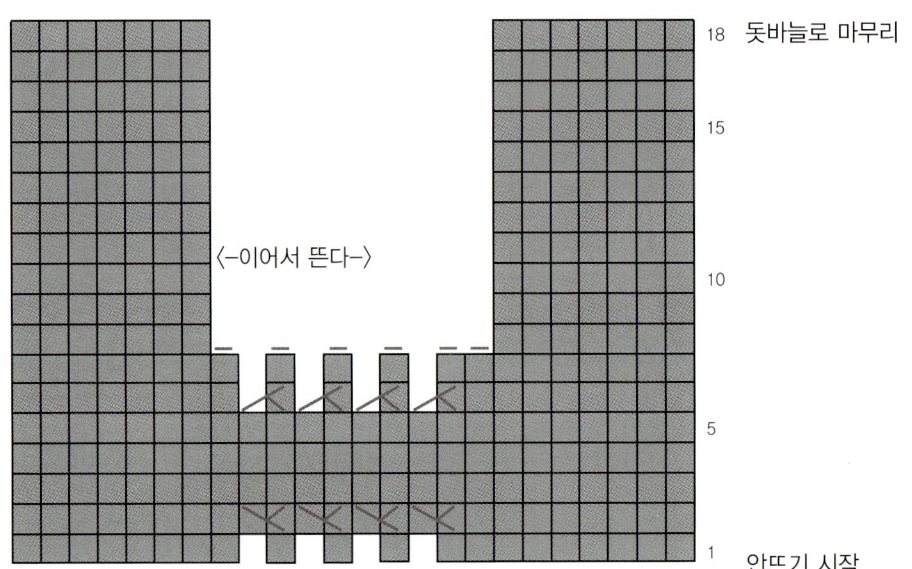

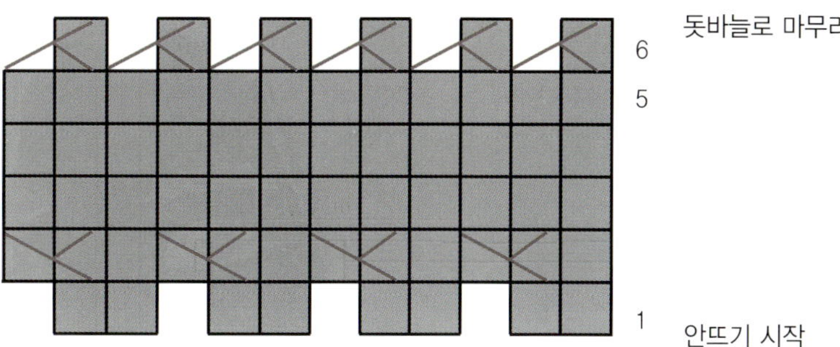

1. 회색 실로 8코를 잡는다.

2. 안뜨기 한 단을 뜬다.

3. [겉뜨기 1코. 늘리기 1번]을 4번 반복한다(12코).

4. 안뜨기부터 메리야스뜨기 3단을 뜬다.

5. 줄이기를 6번 해준다(6코).

6. 돗바늘로 코를 통과시켜 동그랗게 오므려 준다.

입

1. 흰색 실로 20코를 잡는다.

2. 안뜨기부터 메리야스뜨기로 3단 떠준다.

3. 줄이기 10번을 한다(10코).

4. 돗바늘로 코를 통과시켜 동그랗게 오므려 준다.

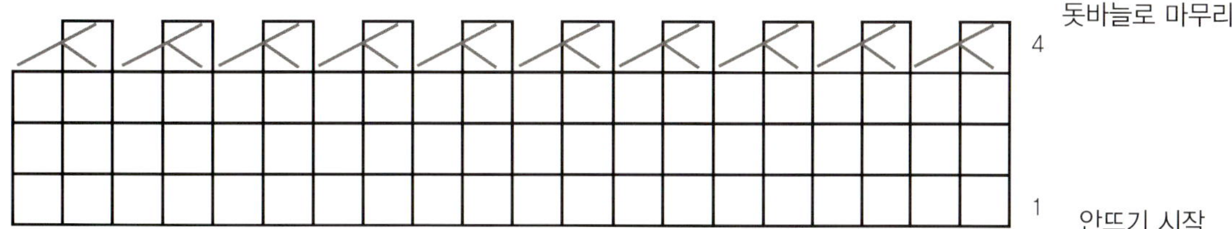

꼬리

1. 회색 실로 8코를 잡는다.

2. 안뜨기부터 메리야스뜨기 3단을 뜬다.

3. 돗바늘로 코를 통과시켜 동그랗게 오므려 준다.

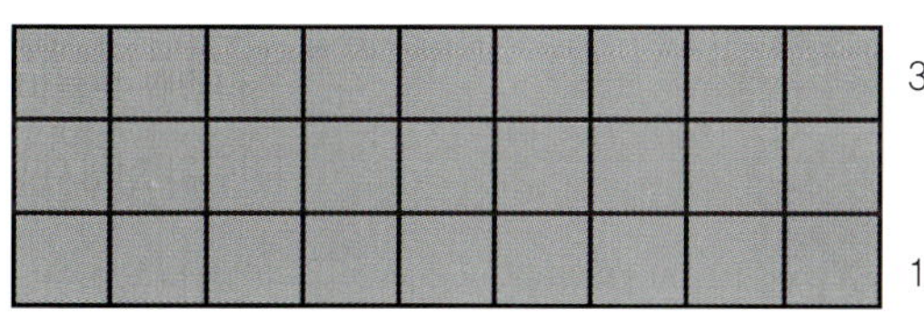

눈 – 2장 뜬다.

1. 회색 실로 16코를 잡는다.

2. 2코 모아뜨기 8번을 해준다(8코).

3. 돗바늘로 코를 통과시켜 동그랗게 오므려 준다.

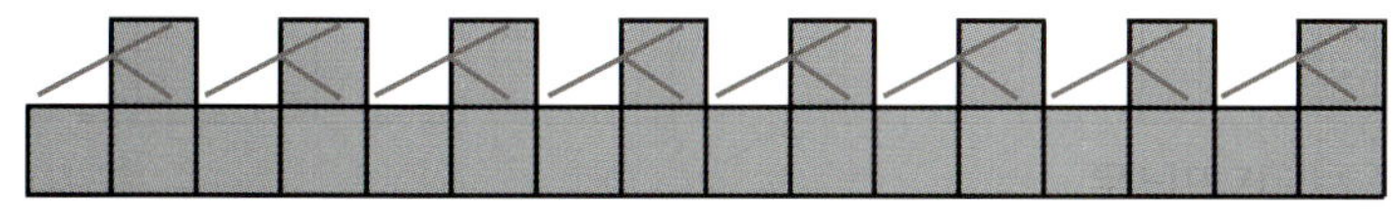

마무리

1. 몸과 얼굴은 자연스럽게 이어주고 팔과 다리는 위치를 맞춰 꿰매준다.

2. 눈 부분은 흰색 부직포를 덧대주고 인형눈을 붙여준다.

3. 코와 입 부분은 수놓아준다.

KNIT LOVE WORKSHOP

BLEND

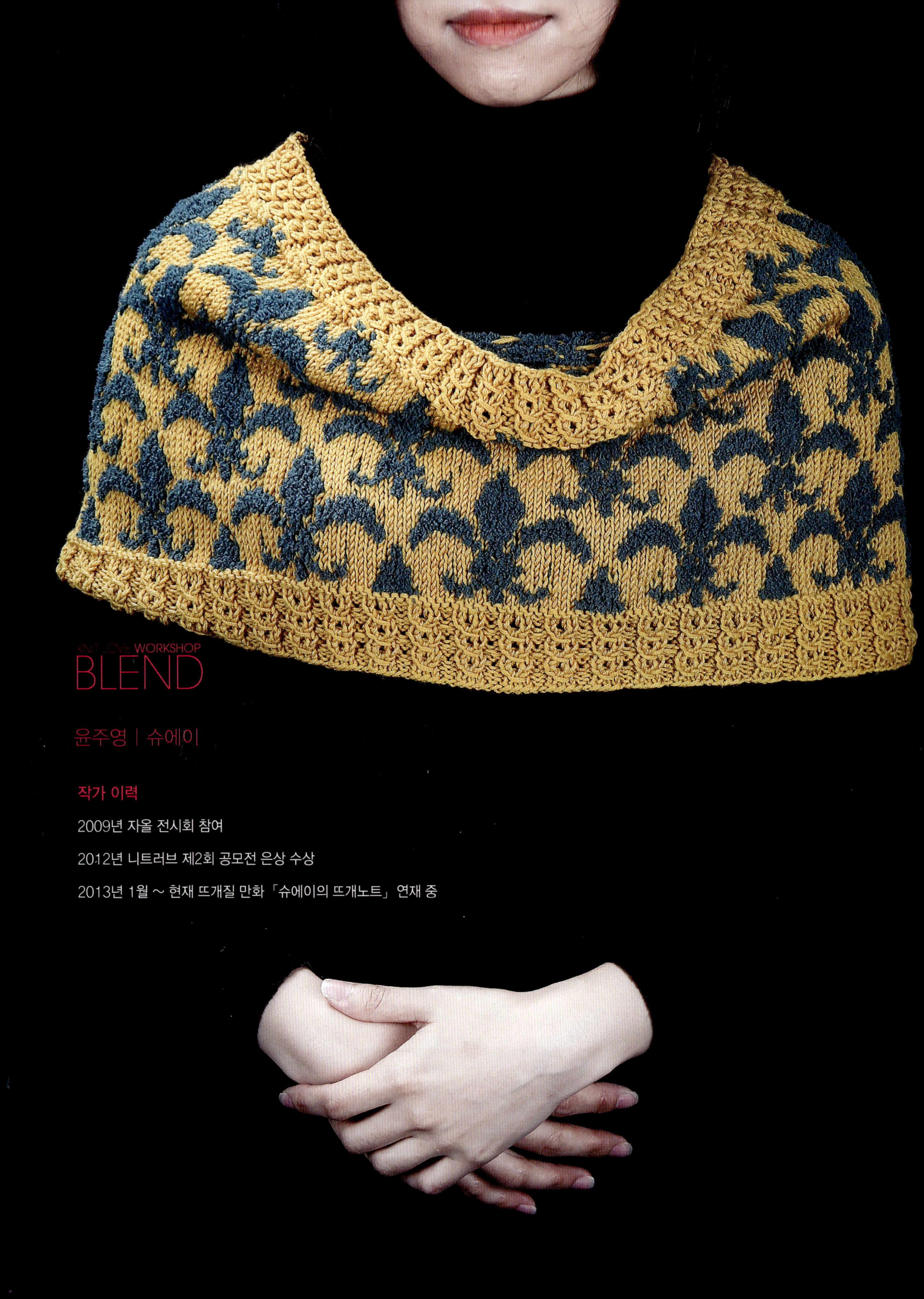

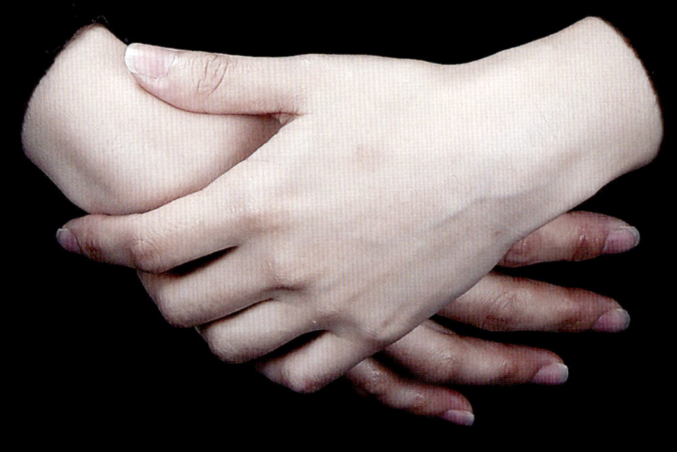

윤주영 | 슈에이

작가 이력

2009년 자올 전시회 참여

2012년 니트러브 제2회 공모전 은상 수상

2013년 1월 ~ 현재 뜨개질 만화 「슈에이의 뜨개노트」 연재 중

흰 공작새 핸드워머

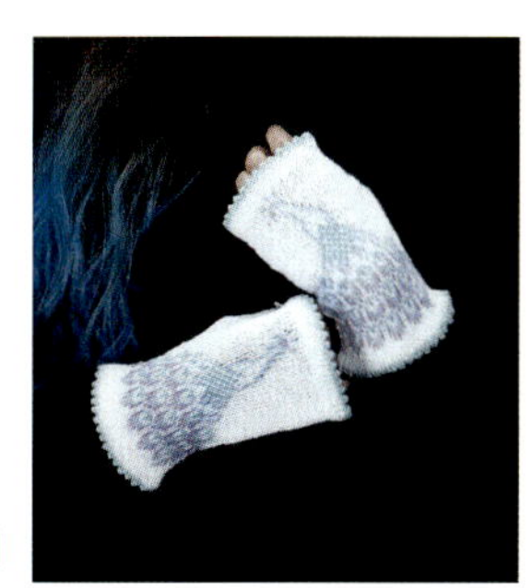

22ᴾ

사용실과 사용량 : 빈센트 3p 2731번 화이트, 2766번 파스텔블루, 2767번 그레이스카이, 2765번 라일락
각 1볼씩

사용 도구 : 3mm 줄바늘(장갑바늘이 있으면 편리하다), 금색 시드비즈 2개, 자수용 바늘

사이즈 : 9.5cm x 18.5cm

Tip : 완성은 원통형이지만 뜰 때에는 평면으로 떠 올라갑니다.
 – 평면으로 뜨고 엄지손가락까지 뜬 후 원통형이 되도록 돗바늘로 꿰매주세요. 그리고 위 아랫단의 그레이스카이색 구멍무늬
  부분을 안쪽으로 접어 안쪽에 감침질하듯 꿰매주면 올록볼록 레이스 같은 피코단이 만들어집니다.
 – 도안 양끝의 1코 라인이 나중에 꿰매줄 때 사용할 시접코가 됩니다. 다 뜨신 후 양끝 1코씩을 시접코로 원통형이 되도록
  꿰매주세요.

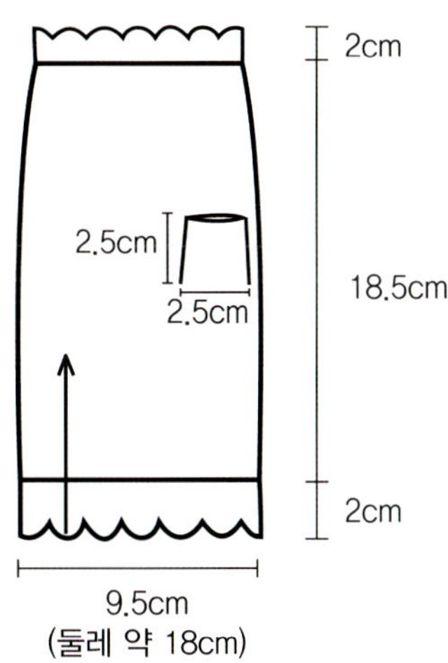

만들 때 주의할 점
※ 평면으로 뜬 후 꿰매어 원통으로 만들어 줍니다. 원통으로 꿰맨 후 위아래를 접어 안쪽에서 감침질하여 올록볼록한 피코 느낌을 살려주세요. 그러고 나서 엄지
 부분을 뜨고 마무리합니다. 도안 양끝의 1줄 부분은 나중에 꿰맬 때 이용할 시접코가 됩니다.

뜨는 법

1. 흰색 실로 기본코를 66코 잡는다.

2. [아래 피코단]
 메리야스뜨기로 4단을 뜬다(첫 단은 겉뜨기부터 떠준다). 10cm 정도 실을 남겨두고 흰색 실을 자른다.
 그레이스카이(2767)색 실을 묶어서 연결해 준다.
 메리야스뜨기로 2단을 뜬다.

3. 다음 단 : 겉뜨기 1코, [왼코 겹치기, 바늘비우기]를 1코가 남을 때까지 반복, 겉뜨기 1코.
 안뜨기 1단, 겉뜨기 1단을 하고 10cm 정도 실을 남겨두고 그레이스카이색 실을 자른다.
 다시 흰색 실을 묶어 연결하고 메리야스뜨기로 4단을 더 떠준다.

4. [장갑 몸체 부분]
 도안을 보고 그림대로 떠준다.
 도안의 36단 : 노랗게 표시된 부분은 엄지 부분으로 흰색이 아닌 자투리실로 따로 뜬다.
 왼손용을 뜰 때엔 왼손 엄지 부분만, 오른손용을 뜰 때에는 오른손 엄지 부분만 자투리실로 뜬다.

5. 나머지 윗부분을 도안대로 떠준다. 윗부분 피코단도 아랫부분과 마찬가지로 뜬다(도안 참고).

엄지

1. 조심스럽게 자투리실을 풀어내고 살아난 코들을 바늘에 잘 끼워준다.

2. 색실을 연결하여 엄지 부분은 원통으로 메리야스뜨기로 총 9단 뜬다.

3. 그레이스카이(2767)색 실을 연결하여 코막음을 해준다.

마무리

1. 공작새의 머리 부분에 라일락(2765)색 실로 부리와 왕관을 수를 놓아준다(도안 참고).

2. 금색 시드비즈 1개로 공작새의 눈을 만든다. 시드비즈가 없다면 원하는 색상의 실로 프렌치노트를 하나 수놓아주어도 좋다.

3. 돗바늘로 양끝 1코씩을 시접코로 이용하여 원통이 되도록 꿰매준다.

4. 위. 아래 피코단은 바늘비우기 무늬 있는 곳을 기준으로 안쪽으로 접어서 안쪽에 흰색 실로 감침질하듯 꿰매준다.

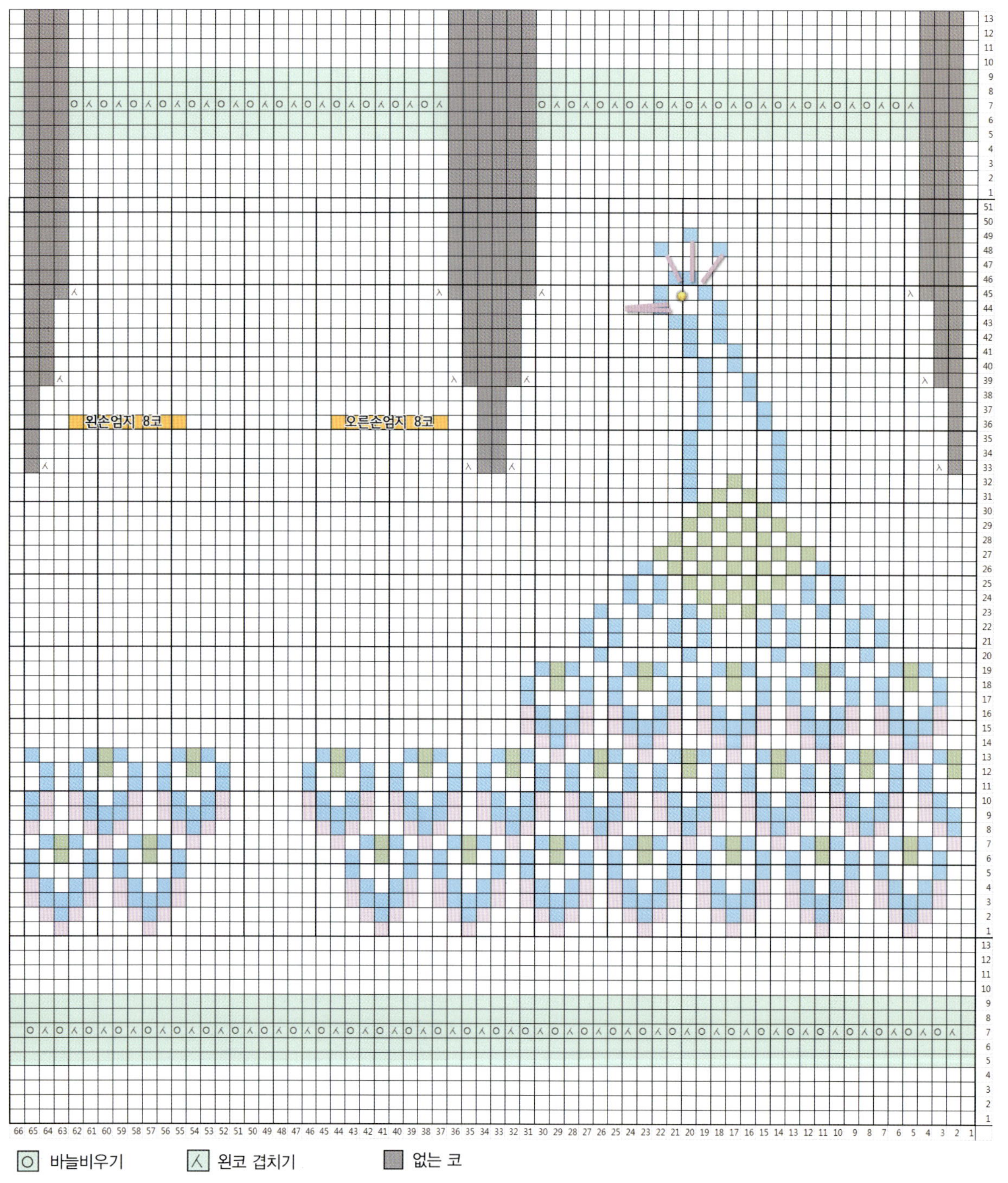

플뢰르 드 리스 넥워머

사용실과 사용량 : 빈센트 리치 6691번 겨자 3볼, 빈센트 베이비칵테일 307번 딥그린 1볼

사용 도구 : 4mm 줄바늘, 콧수링 1개

사이즈 : 47cm x 30cm (둘레 94cm)

Tip : 원통형으로 떠 올라가기 때문에 시작코와 끝코 사이에 콧수링을 하나 걸어두어 시작 부분을 표시하면 도안을 보기
　　편합니다.
　　 – 극세사 빈센트 베이비칵테일을 2겹으로 배색을 하여 입체감 있는 독특한 무늬를 그리는 뜨개를 즐길 수 있습니다.
　　　 배색 실인 극세사 베이비칵테일이 건너가며 목을 부드럽고 한층 더 따뜻하게 감싸주도록 포근한 뒷면이 만들어집니다.
　　 – 마지막 코막음을 할 때 살짝 느슨하게 코막음을 하면 좋습니다(너무 타이트하면 착용 시 탄력이 없어 불편할 수
　　　 있습니다). 느슨한 코막음을 편하게 하려면 5~5.5mm의 큰 사이즈의 바늘로 코막음을 하면 좋습니다.

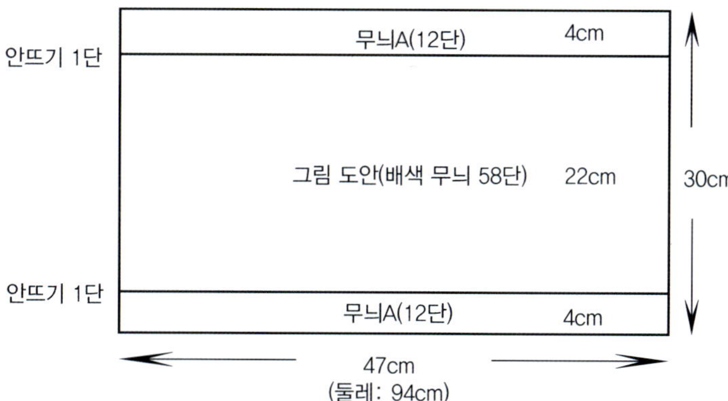

뜨는 법

1. 빈센트 리치 겨자(6691)로 기본코 220코를 만든다. 원통뜨기로 이어서 뜬다.

2. 무늬A를 뜬다.

3. 안뜨기 1단을 뜬다.

4. 그림 도안대로 빈센트 베이비칵테일 딥그린(307)으로 무늬를 배색해가며 뜬다. 그림 도안의 1단부터 도안대로 뜨기 시작한다(빨간 네모
　는 반복 구간 표시).

5. 그림 도안(총 58단)을 다 뜨고 나면 빈센트 베이비칵테일 딥그린(307)은 질라내고, 빈센트 리치 겨자(6691)로 겉뜨기 1단을 뜬나.

6. 안뜨기로 1단을 뜬다.

7. 무늬A를 뜨고 코막음한다.

8. 남은 실꼬리를 돗바늘로 정리해주면 된다.

〈무늬 A〉
1무늬 = 5코 x 4단

무늬A(1무늬 = 5코 x 4단)

1단 : [안뜨기 2코, 중심 3코 모아뜨기]를 끝까지 반복한다.

2단 : [안뜨기 2코, 한 코를 3코로 늘림 – 겉뜨기, 바늘비우기,
　　　 겉뜨기]를 끝까지 반복한다.

3단 : [안뜨기 2코, 겉뜨기 3코] 끝까지 반복한다.

4단 : [안뜨기 2코, 겉뜨기 3코] 끝까지 반복한다.

12단까지 무늬를 떠주고 13단은 안뜨기로 경계를 만들어준다.

※ 회색으로 표시된 칸은 '없는 코' 입니다. 중심 3코 모아뜨기로
　 코가 줄어들었으나 표를 줄여 그릴 수 없기 때문에 없는 코로
　 표시한 것입니다. 콧수가 줄어든 것이 정상입니다.

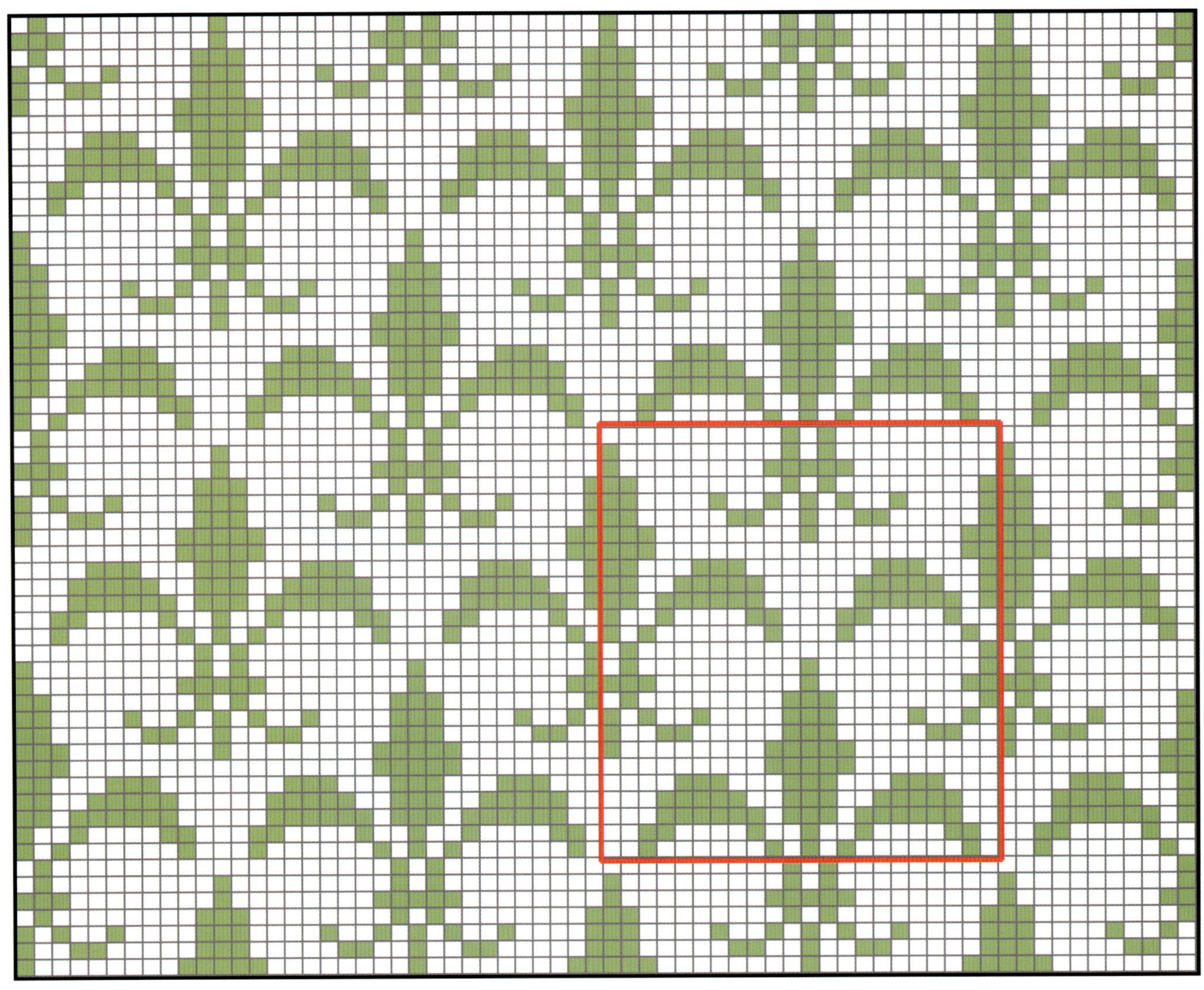

플뢰르 드 리스 배색 무늬 – 그림 도안

그림 도안 참고 사항

1. 맨 오른쪽 코에서 시작하여 왼쪽으로 뜬다.

2. 맨 오른쪽 코가 뜨기 시작하는 첫 번째 코가 된다. 맨 오른쪽 코에서 시작하여 빨간 네모 부분을 계속 반복하며 뜬다.

3. 첫 코와 마지막코 사이에 콧수링을 끼워두면 첫 코의 위치가 표시되어서 그림 도안을 보기 편하다.

Summer garden V넥 조끼

24P

사용실과 사용량 : 빈센트 3p 2737 옐로, 빈센트 리치 6685번 앨리스블루 2(3, 4, 4)볼, 6652번 화이트 1(1, 1, 1)볼, 6668번 베이비핑크 1(1, 1, 1)볼, 6671번 러브토마토 1(1, 1, 1)볼, 6689번 옐로 1(1, 1, 1)볼, 6690번 올리브 1(1, 1, 1)볼

사이즈 순서대로 S(M, L, XL)로 필요한 실 양을 표기, 예시) 빈센트 리치 3(4, 5, 6)볼 ⇒ S:3볼, M:4볼, L:5볼, XL:6볼

사용 도구 : 3.5mm 줄바늘, 4mm 줄바늘, 콧수링 1개, 돗바늘

사이즈 : S : 가슴둘레 80cm, 옷길이 55cm / M : 가슴둘레 90cm, 옷길이 57cm / L : 가슴둘레 98cm, 옷길이 60cm / XL : 가슴둘레 105cm, 옷길이 65cm

Tip : 너무 쫀쫀하게 뜰 경우 안쪽의 배색 실들 때문에 옷이 탄력이 없어 입고 벗기 힘들어집니다. 평소에 타이트하고 쫀쫀하게 뜨는 분들은 바늘 사이즈를 4.5~5mm로 뜨면 좋습니다. 원통형으로 떠 올라가기 때문에 시작코와 끝코 사이에 콧수링을 하나 걸어두어 시작 부분을 표시하시면 도안을 보시기 편합니다.

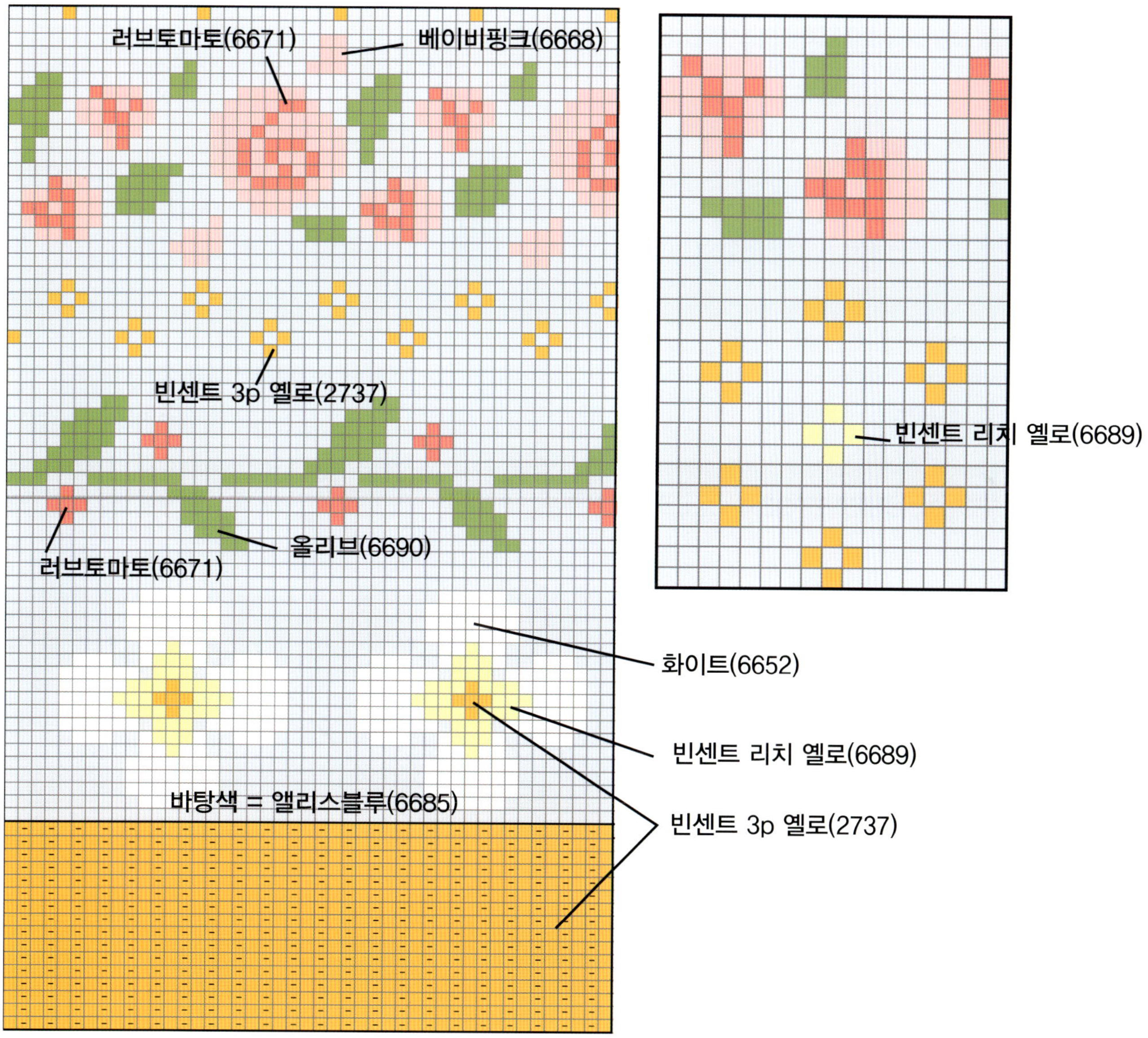

※ 빈센트 3p 옐로(2737)는 2겹으로 뜬다.

※ 콧수는 사이즈 순서대로 S(M, L, XL)로 표기하였다.
   예시) 176(198, 218, 234)코를 잡는다 ⇒ S : 176코, M : 198코, L : 218코, XL : 234코

1. 빈센트 3p 옐로(2737)를 2겹으로 잡고 코를 만든다. 3.5mm 바늘과 일반적인 코잡는 방법으로 176(198, 218, 234)코를 만든다.

2. 원통뜨기로 1코 고무뜨기를 16(18, 18, 22)단 뜬다.

3. 조끼 몸판은 4mm 바늘로 바꿔서 뜨기 시작한다. 조끼 몸판 그림 도안을 보며 조끼 몸판 배색을 한다. 원하는 사이즈의 무늬를 보고 뜬다.
   (무늬가 딱 맞게 반복되지 않기 때문에 시작코와 끝코의 무늬가 안 맞는 것이 정상이다).
   ※ 그림 도안의 단수는 아랫단 고무뜨기단을 무시하고 표기하였다. 그림 도안의 1단을 1단으로 표기한다.

4. 쭉 원통뜨기로 배색 무늬를 뜨다가 V넥 갈라지는 부분부터는 평단으로 따로따로 뜬다.

5. 몸판을 다 뜨고 나면 어깨를 돗바늘로 이어서 연결해 준다.

6. 어깨를 이어 옷 모양을 갖추게 되었다면 V넥과 소매진동의 고무단을 뜰 차례이다. 빈센트 3p 옐로(2737) 2겹과 3.5mm 바늘로 진동 부분에서 코를 줍는데 코줄임을 하여 사선인 부분에서는 2단에 1코씩 줍고, 평평한 부분에서는 3단에 2코씩 줍는다. 주운 콧수가 짝수가 되도록 코를 줍는다(콧수가 짝수가 되는 것이 중요하므로 꼭 2단에 1코, 3단에 2코씩일 필요는 없이 어떤 부분에서는 한 코 더 줍거나 덜 주워도 괜찮다).

7. 주운 코를 원통뜨기로 1코 고무뜨기로 뜬다. 각 7(8, 8, 9)단을 뜨고 4mm 바늘로 코막음한다.

8. V넥 부분도 마찬가지로 3.5mm 바늘과 빈센트 3p 옐로 2겹으로 코를 줍는다. 단, 한쪽 어깨 부분에 실을 새로 연결하여 코를 줍기 시작한다. 콧수가 짝수가 되도록 코를 줍고, 원통뜨기로 1코 고무뜨기로 7(8, 8, 9)단을 뜬다. 단, V넥 뾰족한 모서리에서는 매단마다 '중심 3코 모아뜨기'를 한다(그림 참고).

9. V넥 고무단을 완료하였다면 너무 타이트하지 않게 코막음을 한다. 돗바늘로 실꼬리를 정리하면 완성!

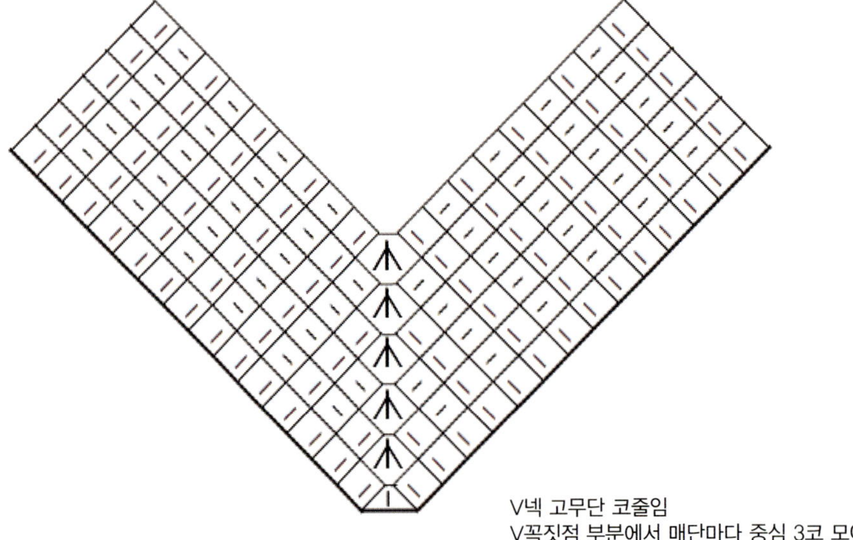

V넥 고무단 코줄임
V꼭짓점 부분에서 매단마다 중심 3코 모아뜨기를 한다.

V넥 시작 부분 (58단)

1단
시작코

앞판 쪽

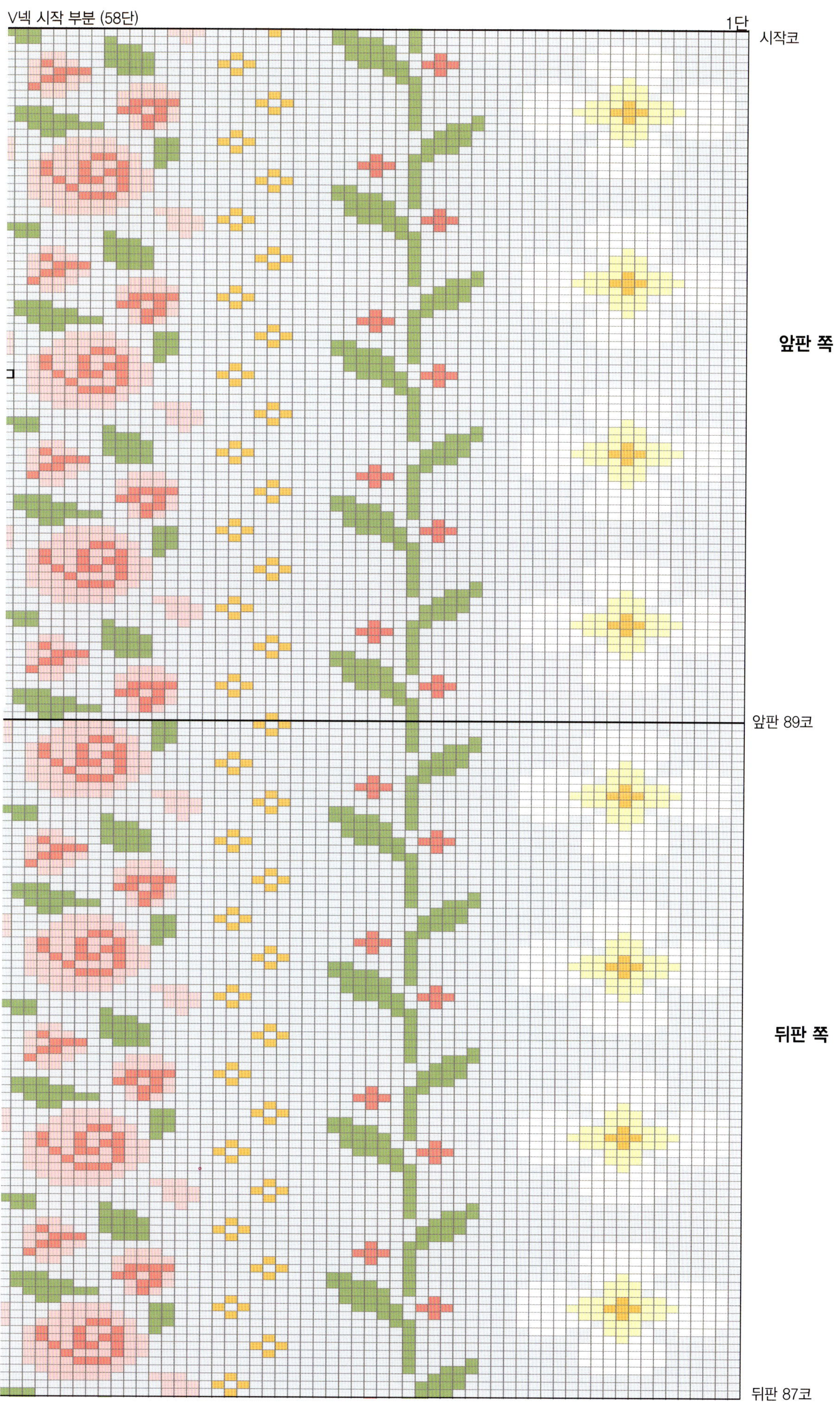

뒤판 쪽

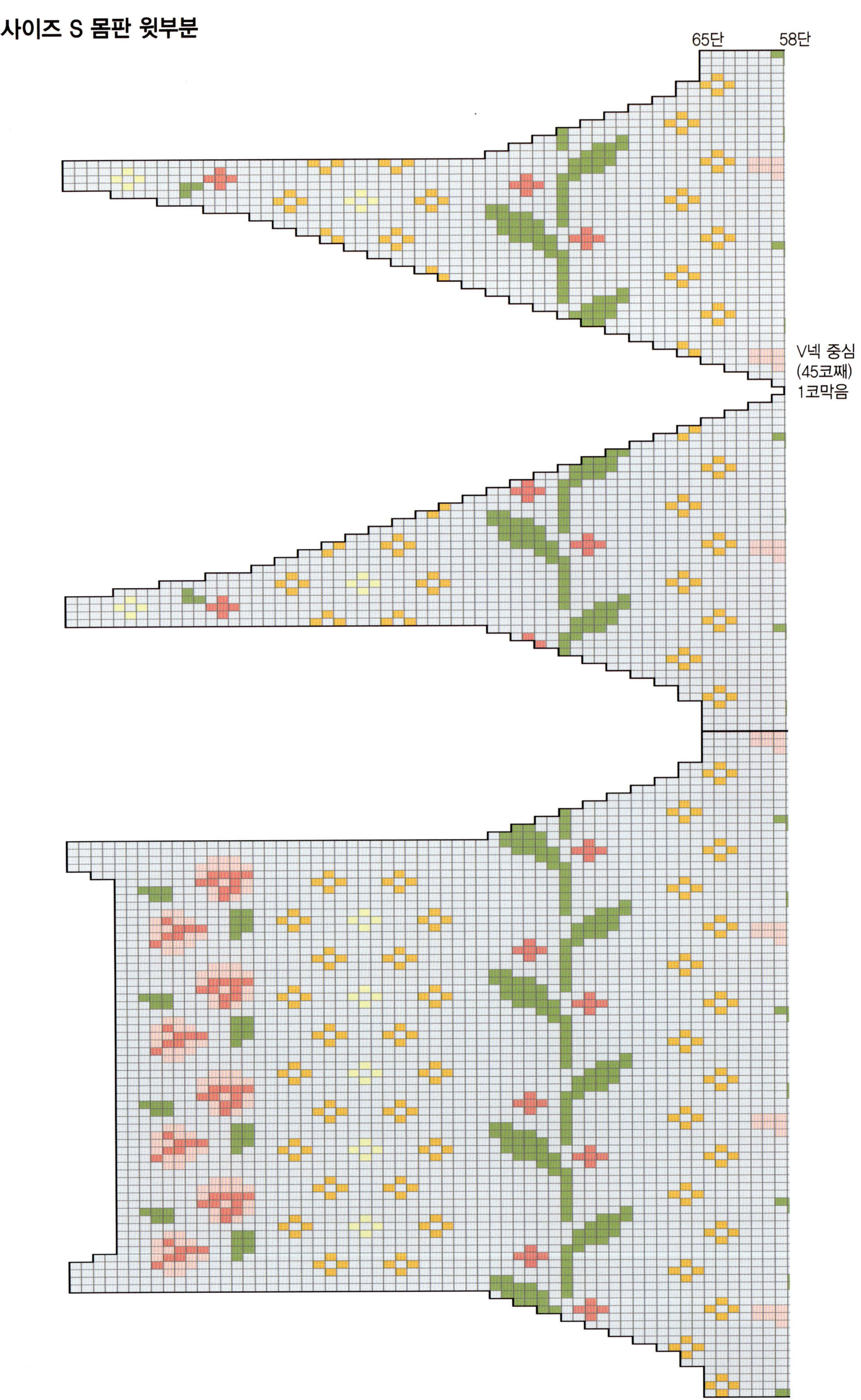
65단
58단
V넥 중심
(45코째)
1코막음

사이즈 M

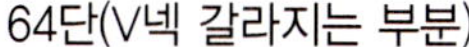

64단(V넥 갈라지는 부분)

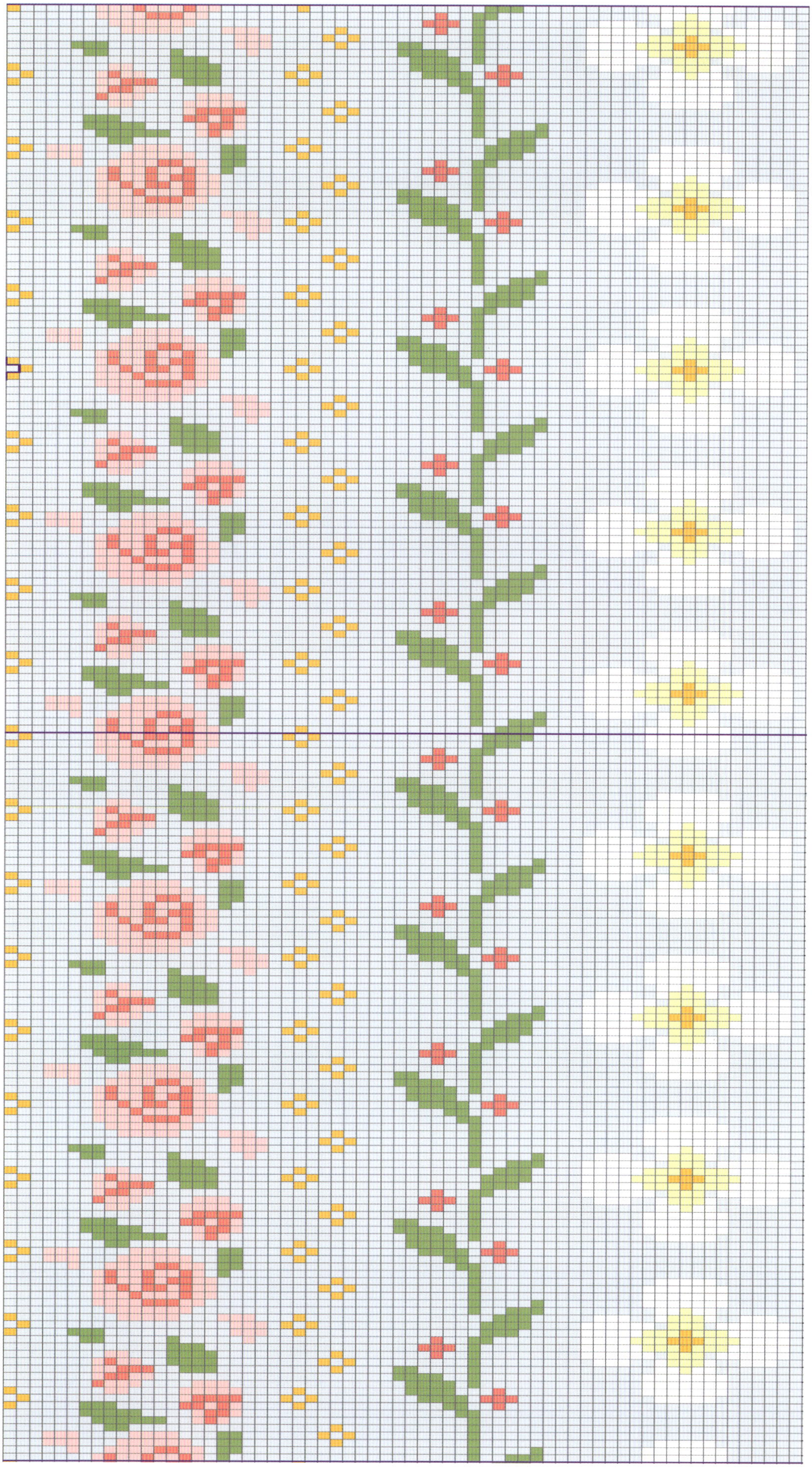

시작코

앞판 쪽

앞판 99코

뒤판 쪽

뒤판 99코

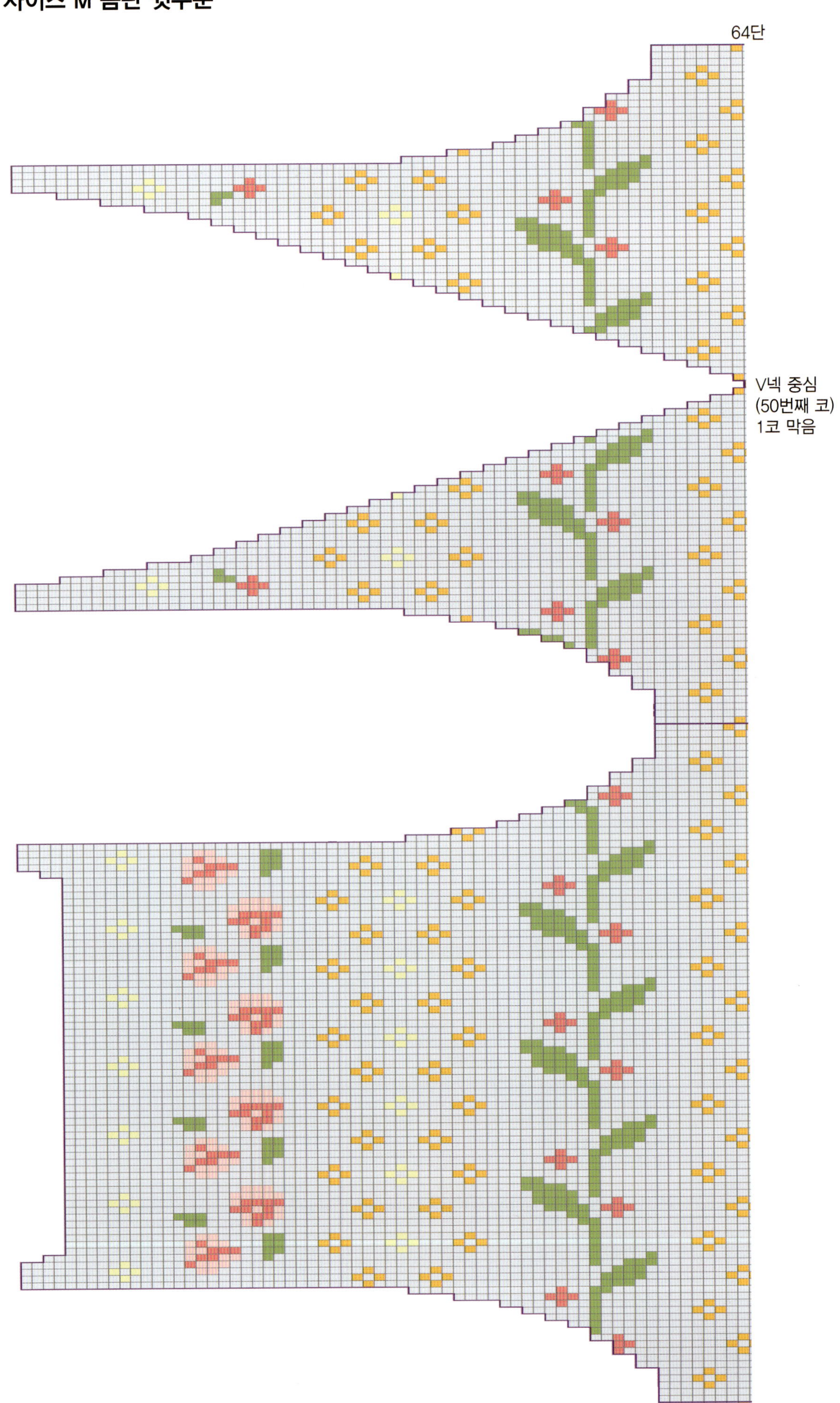
64단
V넥 중심
(50번째 코)
1코 막음
사이즈 **M** 몸판 윗부분

67단(V넥 갈라지는 부분)

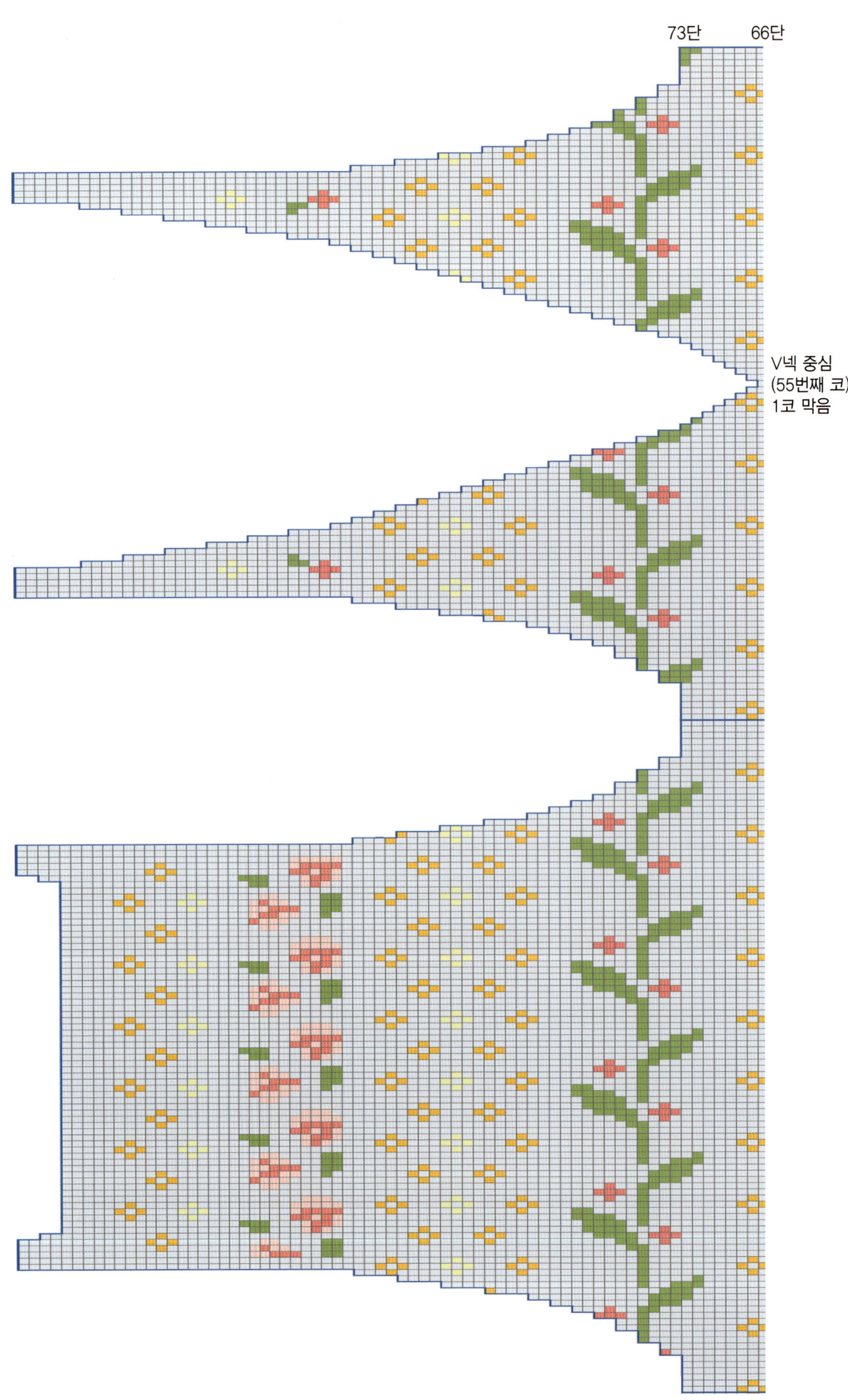
73단
66단
V넥 중심
(55번째 코)
1코 막음
사이즈 L 몸판 윗부분
73단
66단

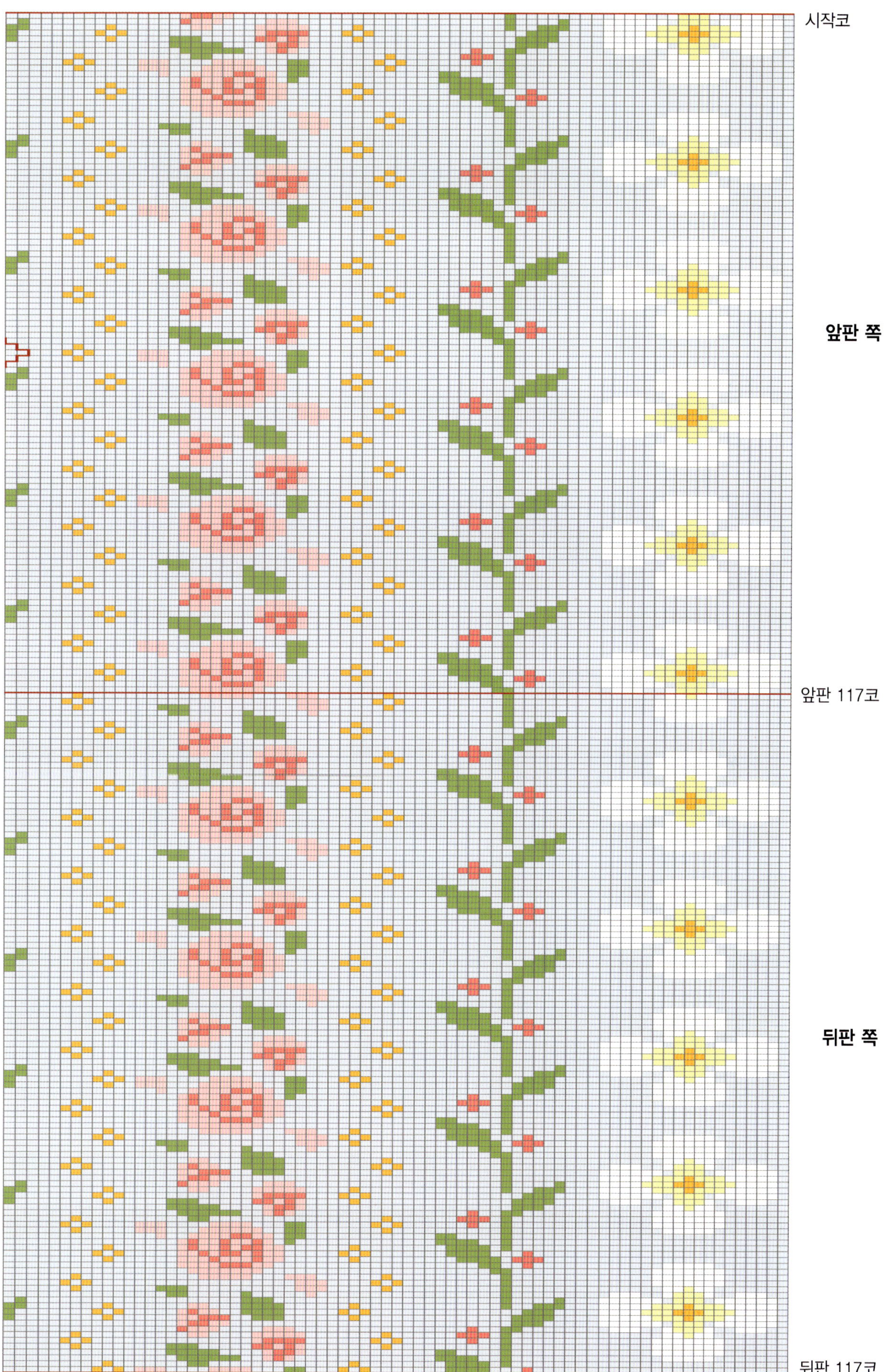
시작코
앞판 쪽
앞판 117코
뒤판 쪽
뒤판 117코

사이즈 XL 몸판 윗부분

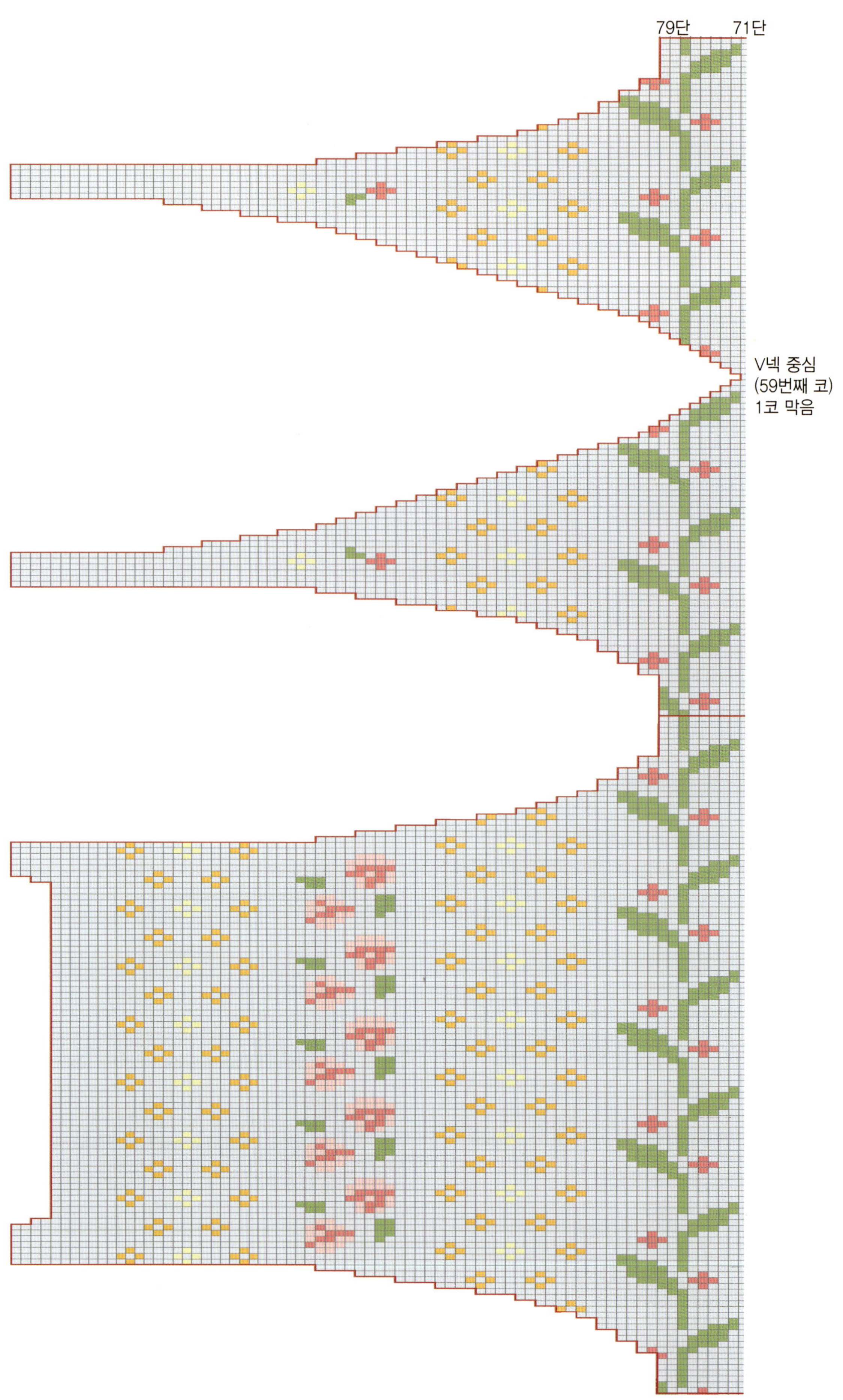

KNIT LOVE WORKSHOP
BLEND
김현아 | 얀ⅰ

25^P

사용실과 사용량 : 칼리오페 400g
사용 도구 : 6mm 대바늘
사이즈 : 길이 79cm, 품 94cm

Tip : 목폴라 부분 마무리는 느슨하게 하세요.

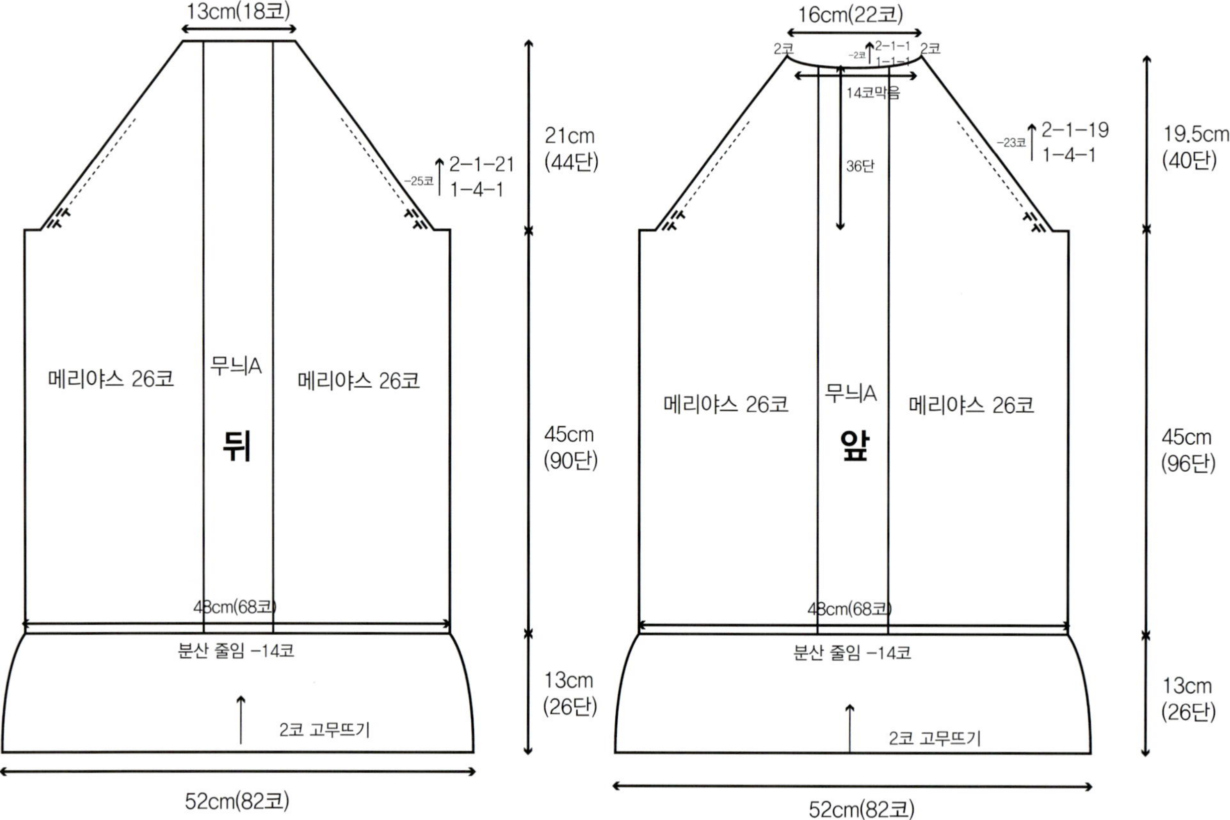

뒤판 만들기

1. 6mm 대바늘로 일반코 잡기 82코 만들어 2코 고무뜨기 26단 뜬다.

2. 분산 줄임을 해서 14코 줄여 68코 만들어 무늬A 도안 참고하여 90단 뜬다.

3. 진동 줄임할 때 4코 양쪽으로 코막음한 후 2-1-21 줄일 때는 양끝 한 코 안쪽에서 줄임하면서 44단 뜬 후 코막음한다.

앞판 만들기

1. 6mm 대바늘로 일반코 잡기 82코 만들어 2코 고무뜨기 26단 뜬다.

2. 분산 줄임을 해서 14코 줄여 68코 만들어 무늬A 도안 참고하여 90단 뜬다.

3. 진동 줄임할 때 4코 양쪽으로 코막음한 후 2-1-19 줄일 때는 양끝 한 코 안쪽에서 줄임하면서 36단 뜬다.

4. 앞목 줄임을 도안 참고하여 줄임하고 남은 2코 코막음한다.

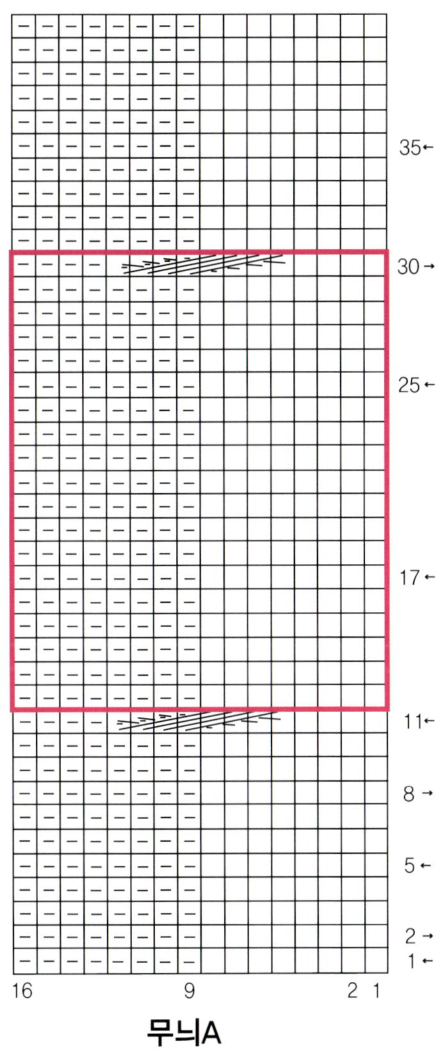

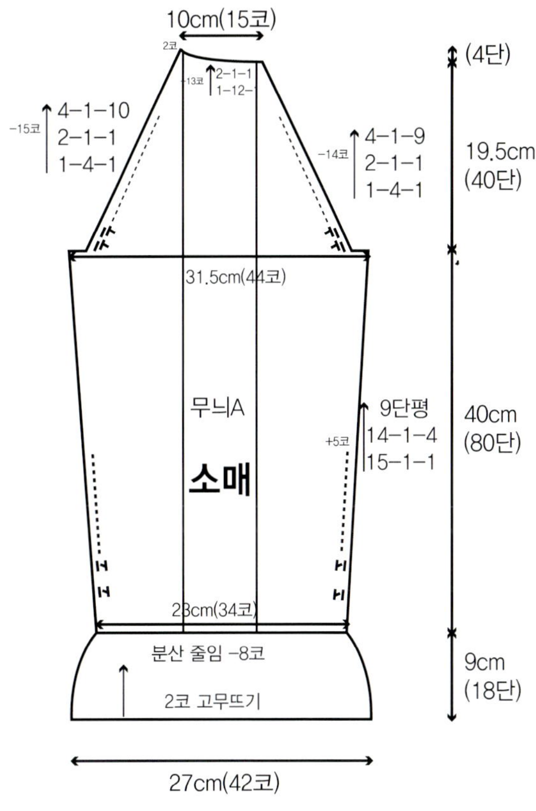

<table>
<tr><td>－</td><td>안뜨기</td></tr>
<tr><td>□</td><td>겉뜨기</td></tr>
</table>

겉뜨기 4코 한 후 4코를 꽈배기핀에 걸어 뒤로 빼놓고,
안뜨기 4코를 겉뜨기로 뜨고, 꽈배기핀에 4코를 안뜨기로 뜬다.

소매 만들기

1. 6mm 대바늘로 일반코 잡기 42코 만들어 2코 고무뜨기 18단 뜬다.

2. 분산 줄임을 해서 8코 줄여 34코 만들어 무늬A 도안과 늘림(2-1-1, 4-1-10 늘릴 때는) 양끝 한 코 안쪽에서 늘림하면서 80단 뜬다.

3. 진동 줄임할 때 4코 양쪽으로 코막음한 후 2-1-1, 4-1-10 줄일 때는 양끝 한 코 안쪽에서 줄임하면서 40단 뜬다.

4. 1-12-1, 2-1-1을 줄인다.

　※ 1부터 3까지 2장 만들고 4는 서로 대칭되도록 줄임한다.

마무리하기

1. 뒤판, 앞판, 소매를 꿰맨다.

2. 목둘레에서 68코 주워 원형뜨기로 2코 고무뜨기 30단 한 후 코막음한다.

3. 몸판 옆선과 소매통을 돗바늘로 꿰맨다.

26ᴾ

사용실과 사용량 : 잉카 알파카 그레이 1050g

사용 도구 : 6mm, 9mm 대바늘

사이즈 : 길이 76cm, 품 100cm

Tip : 전체가 꽈배기무늬이므로 꼼꼼해지지 않도록 주의하세요.

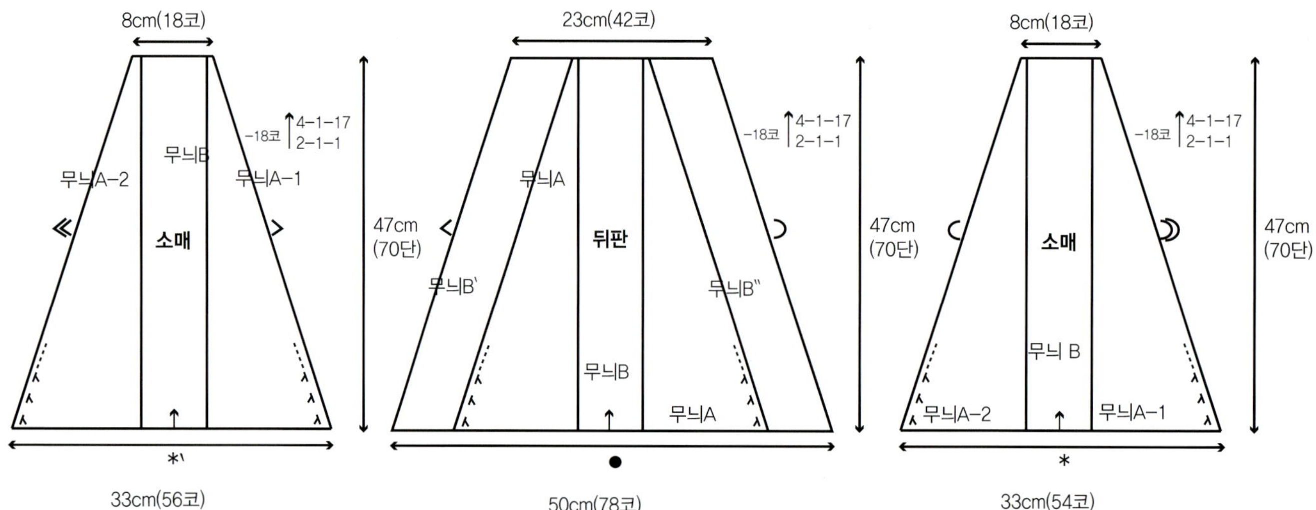

뒤판 만들기

1. 9mm 대바늘로 일반코 잡기 78코 만든다.

2. 무늬뜨기B`(13코), 무늬A(20), 무늬B(12코), 무늬A(20), 무늬뜨기B`(13코) 배치한다.

3. 양끝 13코 안쪽에서 2-1-1, 4-1-17 줄이면서 70단 뜬 후 코막음한다.

소매 만들기

1. 9mm 대바늘로 일반코 잡기 54코 만든다.

2. 무늬뜨기A-1(21코), 무늬B(12코), 무늬A-2(21) 배치한다.

3. 양끝 13코 안쪽에서 2-1-1, 4-1-17 줄이면서 70단 뜬 후 코막음한다.

4. 1~3을 2장 만든다.

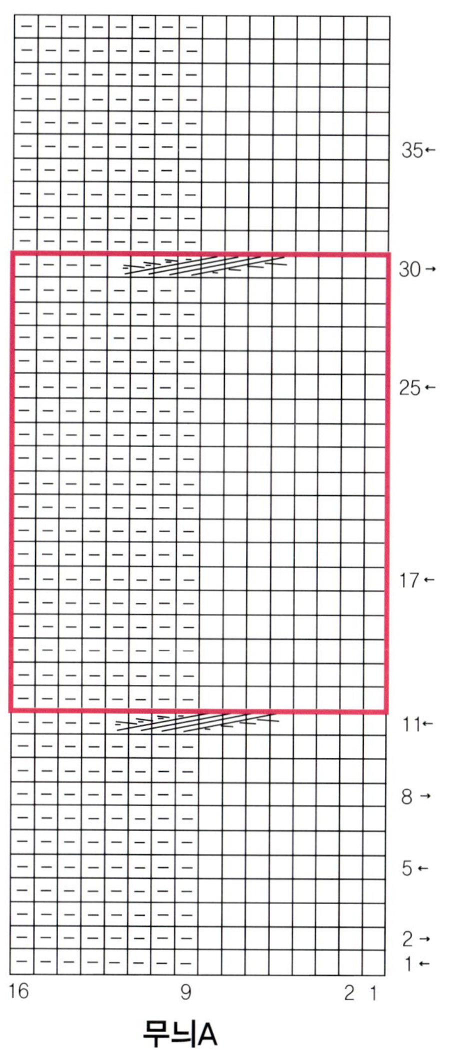

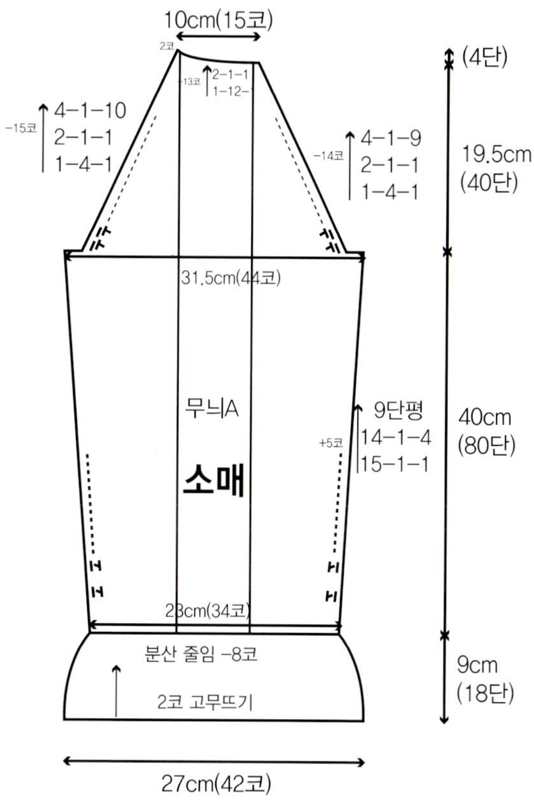

무늬A

- 안뜨기

□ 겉뜨기

겉뜨기 4코 한 후 4코를 꽈배기핀에 걸어 뒤로 빼놓고,
안뜨기 4코를 겉뜨기로 뜨고, 꽈배기핀에 4코를 안뜨기로 뜬다.

소매 만들기

1. 6mm 대바늘로 일반코 잡기 42코 만들어 2코 고무뜨기 18단 뜬다.

2. 분산 줄임을 해서 8코 줄여 34코 만들어 무늬A 도안과 늘림(2-1-1, 4-1-10 늘릴 때는) 양끝 한 코 안쪽에서 늘림하면서 80단 뜬다.

3. 진동 줄임할 때 4코 양쪽으로 코막음한 후 2-1-1, 4-1-10 줄일 때는 양끝 한 코 안쪽에서 줄임하면서 40단 뜬다.

4. 1-12-1, 2-1-1을 줄인다.

   ※ 1부터 3까지 2장 만들고 4는 서로 대칭이 되도록 줄임한다.

마무리하기

1. 뒤판, 앞판, 소매를 꿰맨다.

2. 목둘레에서 68코 주워 원형뜨기로 2코 고무뜨기 30단 한 후 코막음한다.

3. 몸판 옆선과 소매통을 돗바늘로 꿰맨다.

무늬B
무늬 A
무늬B'
무늬B"
무늬A-2
무늬A-1
무늬B' (13코)
무늬A (20코)
무늬A' (17코)
무늬B' (13코)
무늬A (37코)
무늬B'-1
무늬A 60코
무늬B"-1

모자 도안

숄단 만들기

1. 9mm 대바늘로 일반코 잡기 50코 만든다.

2. 무늬A(37코), 무늬B`(13코) 60단 뜬다.

3. 무늬A`(17코), 무늬A(20코), 무늬B`(13코) 36단 뜬다.

4. 무늬A(37코), 무늬B`(13코) 40단 뜬다.

5. 무늬A`(17코), 무늬A(20코), 무늬B`(13코) 36단 뜬다.

6. 무늬A(37코), 무늬B`(13코) 60단 뜬 후 코막음한다.

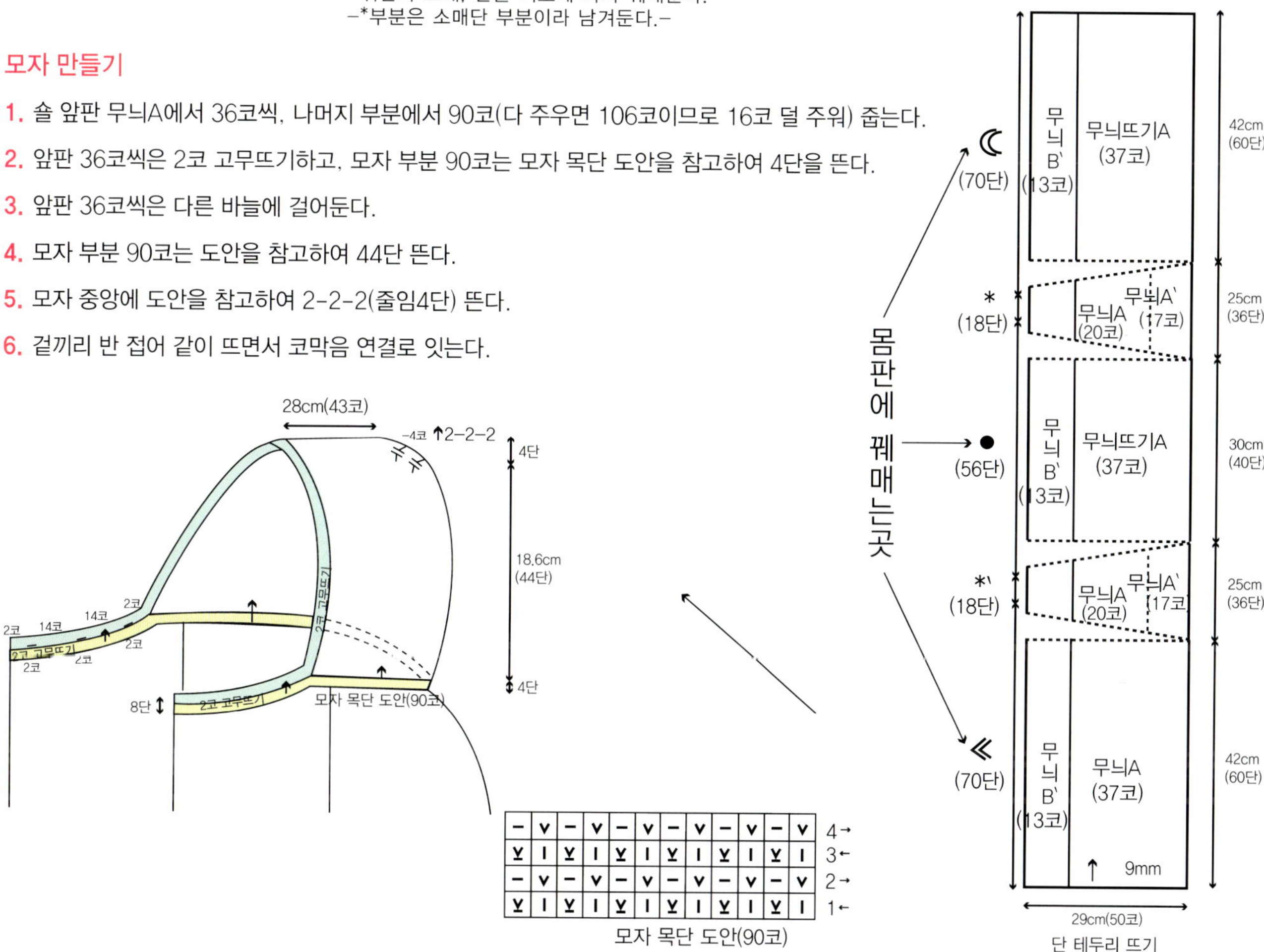

모자 만들기

1. 숄 앞판 무늬A에서 36코씩, 나머지 부분에서 90코(다 주우면 106코이므로 16코 덜 주워) 줍는다.

2. 앞판 36코씩은 2코 고무뜨기하고, 모자 부분 90코는 모자 목단 도안을 참고하여 4단을 뜬다.

3. 앞판 36코씩은 다른 바늘에 걸어둔다.

4. 모자 부분 90코는 도안을 참고하여 44단 뜬다.

5. 모자 중앙에 도안을 참고하여 2-2-2(줄임4단) 뜬다.

6. 겉끼리 반 접어 같이 뜨면서 코막음 연결로 잇는다.

모자단 뜨기

1. 6mm 대바늘로 양쪽 앞단 남겨둔 72코와 모자둘레에서 90코 주워 2코 고무뜨기 2단 뜬다.

2. 오른쪽 단에서 2코 뜨고 2코 단춧구멍, 14코 뜨고, 2코 단춧구멍 만들면서 나머지 2코 고무뜨기 2단 뜬 후 돗바늘로 마무리한다.

단춧구멍 도안

소매단 뜨기

1. *과 *`, *`와 *`에서 6mm 대바늘로 각각 70코 줍는다.

2. 첫 단에서 (4코 뜨고 1코 늘리기) 14회 한다(84코).

3. 2코 고무뜨기(원형뜨기)로 6단 뜬 후 돗바늘로 마무리한다.

→7
←6
→5
←4
→3
←2
→1
12
5 4 3 2 1
무늬B
20
5 4 3 2 1
→7
←6
→5
←4
→3
←2
→1
무늬A
→7
←6
→5
←4
→3
←2
→1
13 12
5 4 3 2 1
무늬B`
13 12
5 4 3 2 1
→7
←6
→5
←4
→3
←2
→1
무늬B"
→7
←6
→5
←4
→3
←2
→1
21
5 4 3 2 1
무늬A2
21
5 4 3 2 1
→7
←6
→5
←4
→3
←2
→1
무늬A-1
→7
←6
→5
←4
→3
←2
→1
13 12
5 4 3 2 1
17
5 4 3 2 1
무늬B` (13코)
무늬A (20코)
무늬A` (17코)
→7
←6
→5
←4
→3
←2
→1
13 12
5 4 3 2 1
무늬B` (13코)
무늬A (37코)
←7
→6
←5
→4
→3
→2
←1
무늬B`-1
무늬A 60코
←7
→6
→5
→4
→3
→2
←1
무늬B"-1

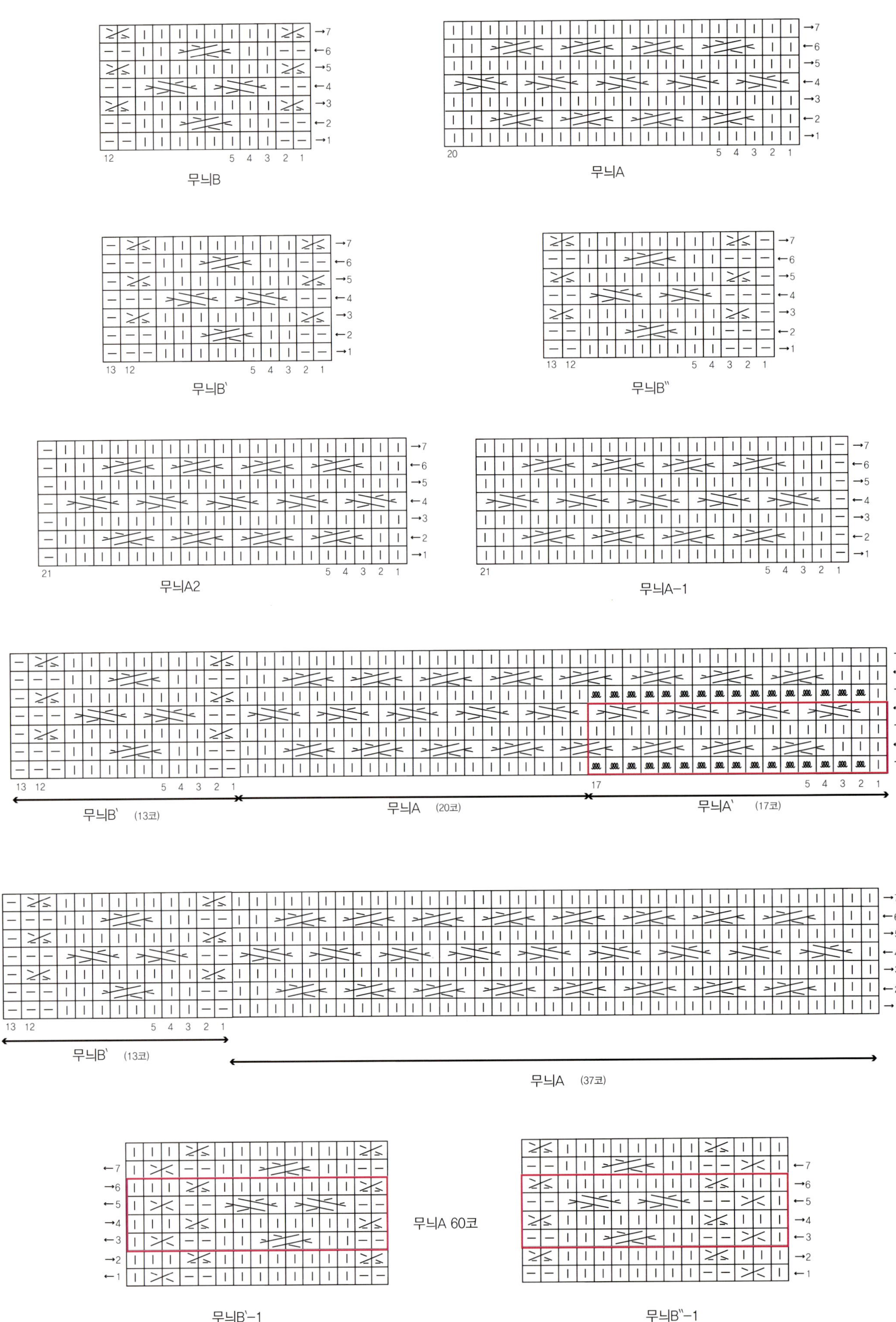

모자 도안

KNIT LOVE WORKSHOP
BLEND

이원숙 | 귀연줌마

작가 이력

낙양모사 전시회 다수 출품

2013 연애사 워크숍 참가

니트러브 제3회 소품 공모전 출품 동상 수상

27P

사용실과 사용량 : 빈센트 리치 메인실 6652번(B색) 2볼, 끌어올리는 실 6688(A색) 1볼

사용 도구 : 5mm 대바늘

사이즈 : 길이 200cm, 폭 21cm

Tip : 엮음 패턴을 충분히 숙지한 후, 끌어올리는 코를 여유 있게 끌어올려 뜹니다. mj홍님의 엮음 패턴을 참고, 응용하여 만든 작품으로, 멋스러운 연출이 가능한 충분한 길이의 목도리입니다. 부드럽고 따스한 빈센트 리치의 매력을 느낄 수 있습니다. 모자와 목도리의 메인색을 달리하여 색다른 멋을 강조할 수 있습니다.

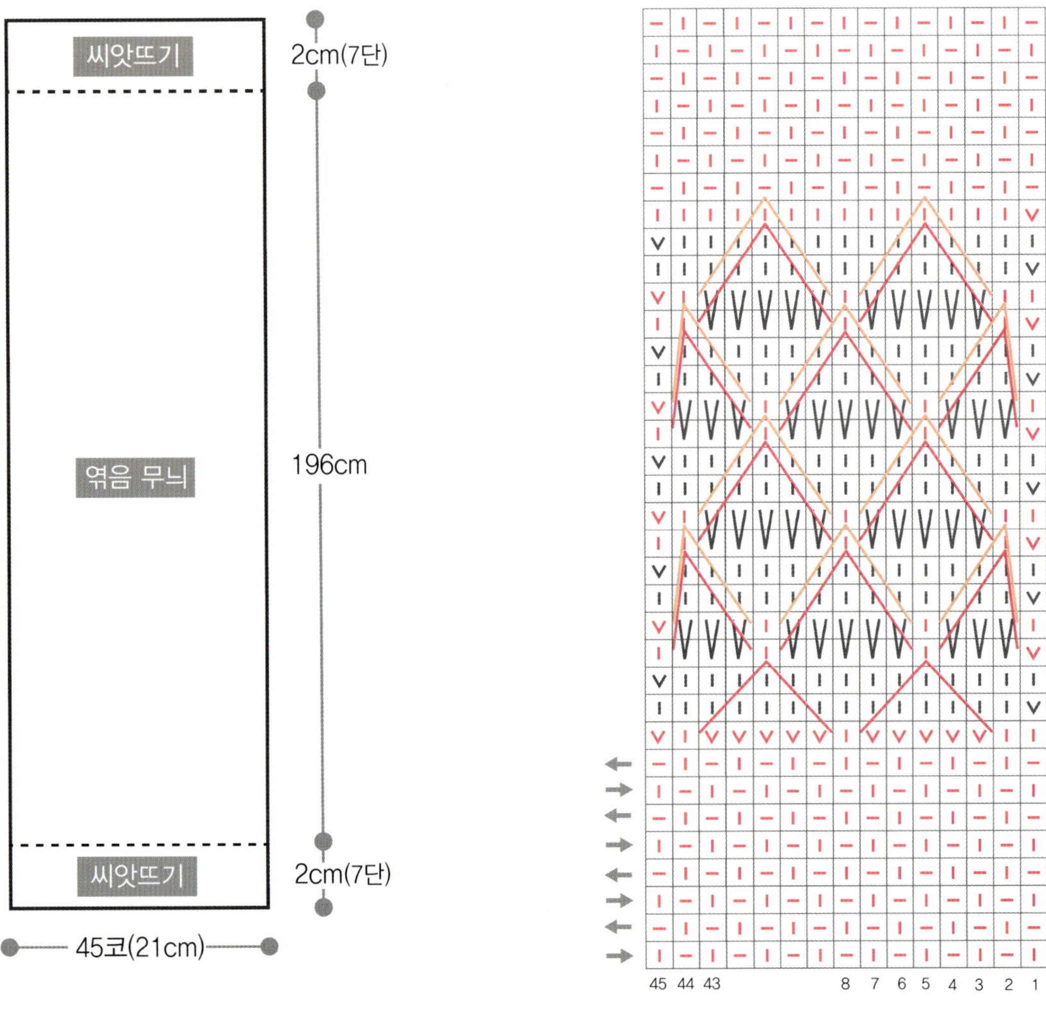

[엮음 도안]

뜨는 법

1. A색 실 : 1코 고무뜨기 시작코를 45코 만든다.

2. 1단~7단까지 씨앗뜨기로 뜬다.

3. 8단 : (안쪽에서) 2코, (실을 겉면으로 넘기고 걸러뜨기 5코, 실을 다시 안면으로 넘기고 안뜨기 1코) – 총 7회 반복. 안뜨기 1코.
   ※ 9단째부터는 매단마다 첫 코는 뜨지 않고 걸러뜨기한다.

4. 9단 : B색 실로 겉뜨기한다.

5. 10단 : B색 실로 안뜨기한다.

6. 11단부터는 엮음 도안 참고하여 198cm까지 무늬뜨기로 쭉 떠준다.

7. 마무리 : 씨앗뜨기로 7단을 뜬 후 돗바늘로 1코 고무뜨기 마무리한다.

28P

사용실과 사용량 : 빈센트 리치 메인실 6688번(B색) ⅔볼, 끌어올리는 실 6652(A색) ½볼

사용 도구 : 4.5mm, 5mm 대바늘

사이즈 : 머리둘레 53cm, 길이 24cm

Tip : 엮음 패턴을 충분히 숙지한 후, 끌어올리는 코를 여유 있게 끌어올려 뜹니다. mj홍님의 엮음 패턴을 참고, 응용하여 만든 작품으로, 멋스러운 넥워머로도 사용 가능한 모자입니다. 부드럽고 따스한 빈센트 리치의 매력을 느낄 수 있습니다.

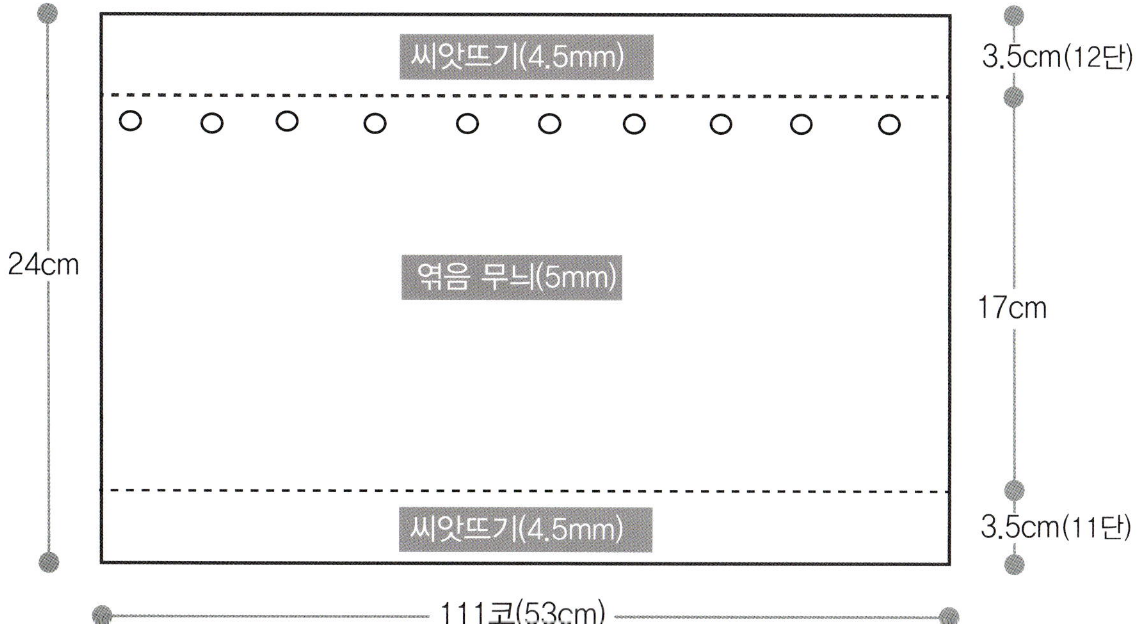

뜨는 법

1. A색 실 : 1코 고무뜨기 시작코를 111코 만든다. 1단~11단까지 씨앗뜨기로 뜬다.

2. 8단 : (안쪽에서) 2코 (실을 겉면으로 넘기고 걸러뜨기 5코, 실을 다시 안면으로 넘기고 안뜨기 1코 뜬다) – 총 18회 반복. 안뜨기 1코.
   ※ 9단째부터는 매단마다 첫 코도 떠준다.

3. 9단 : B색 실로 겉뜨기한다.

4. 10단 : B색 실로 안뜨기한다.

5. 11단부터는 엮음 도안 참고하여 엮음 무늬 10무늬(총 20cm) 떠준다.

6. B색 실로 겉뜨기 차례에서 5코 뜨고, (바늘비우기, 2코 같이뜨기, 10코) – 8번 반복, 바늘비우기, 2코 같이 뜨고, 4코 뜨고 바늘비우기, 4코 겉뜨기

7. 마무리 : 씨앗뜨기 12단 뜬 후 돗바늘로 1코 고무뜨기로 마무리한다. 양끝을 꿰매준다.
   ※ 3.5mm 바늘로 A색 실로 3코 잡아, 아이코드뜨기로 70~80cm 정도 떠서 윗쪽 구멍 내준 곳에 끼워 리본모양으로 묶어준다.

S라인 풀오버

29P

사용실과 사용량 : 포엠스마라톤 954번 150g, 빈센트 3p 2755번 100g, 빈센트 3p 2786번 250g, 합사A : 빈센트 3p 2786번 2겹, 합사B : 포엠스 1겹 + 빈센트 3p 2755번 1겹

사용 도구 : 3.75mm, 4mm 대바늘

사이즈 : 길이 60cm, 품 86cm

Tip : 합사B를 할 때 날염에 주의하여 합사를 하면 완성도가 더 높아집니다.

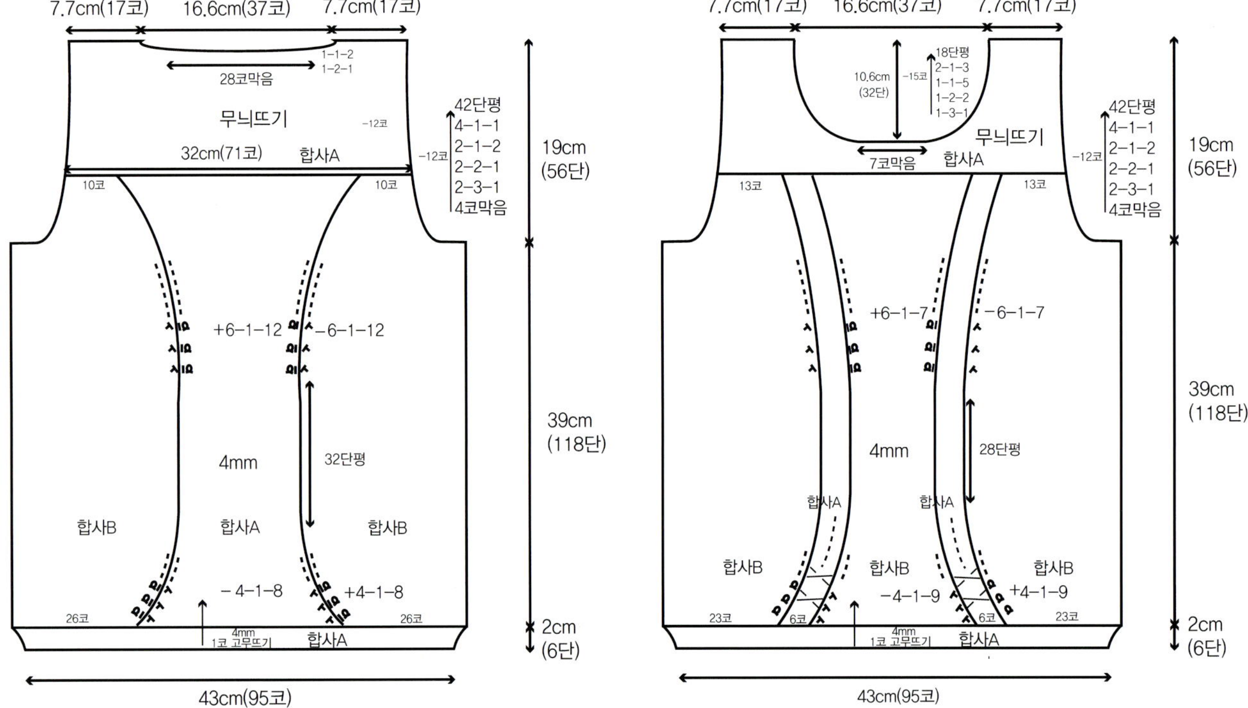

뒤판 만들기

1. 합사A로 4mm 대바늘 사용하여 끌어올리기 코 만드는 방법으로 95코 만들어 1코 고무뜨기 6단 한다.

2. 합사B 26코, 합사A 43코, 합사B 26코로 도안 참고하여 4mm 대바늘로 메리야스뜨기하면서 겨드랑이까지 뜬다.

3. 겨드랑이 줄임하고 6단 뜬 다음 합사A로 무늬뜨기 진행한다.

4. 뒷목줄임하여 양쪽 어깨 안전핀에 걸어둔다.

앞판 만들기

1. 합사A로 4mm 대바늘 사용하여 끌어올리기 코 만드는 방법으로 95코 만들어 1코 고무뜨기 6단 한다.

2. 합사B, 합사A, 합사B, 합사A, 합사B, 4mm 대바늘로 도안 참고하여 겨드랑이까지 뜬다.

3. 겨드랑이 줄임하고 6단 뜬 다음 합사A, 무늬뜨기로 4단 뜨고 앞목둘레 도안 참고하여 줄인다.

4. 양쪽 어깨 안전핀에 걸어둔다.

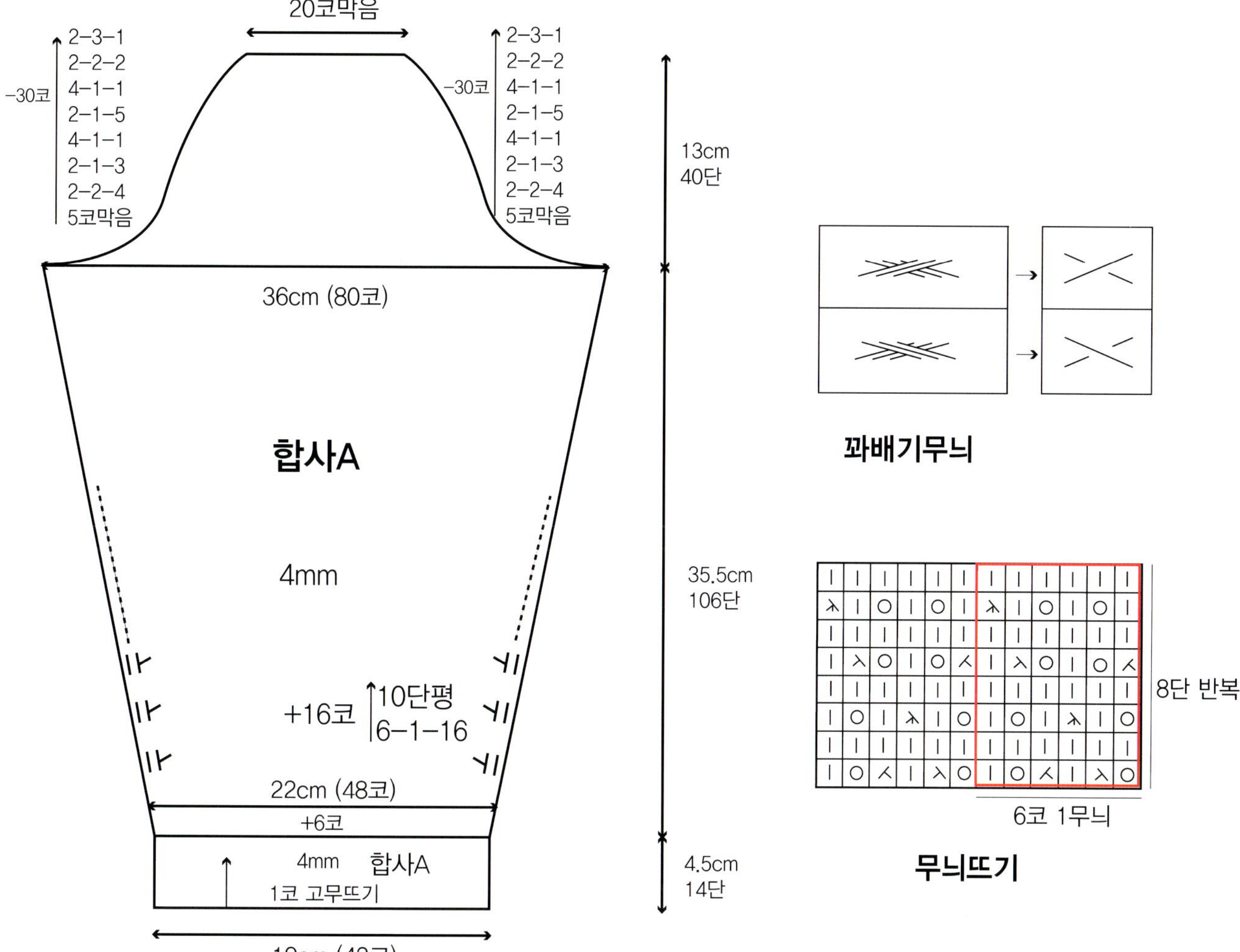

소매 만들기

1. 합사A로 4mm 대바늘 사용하여 끌어올리기 코 만드는 방법으로 42코 만들어 1코 고무뜨기 14단 한다.

2. 합사A로 4mm 대바늘 사용하여 메리야스뜨기하며 16코 늘리기 한다.

3. 소매산 도안 참고하며 줄이고 코막음한다.

마무리하기

1. 앞판, 뒤판을 겉에서 돗바늘로 메리야스잇기한다.

2. 목둘레 3.75mm 대바늘로 120코 주워 1코 고무뜨기 6단뜨고 돗바늘로 마무리한다.

3. 옆선은 겉에서 돗바늘로 꿰맨다.

4. 소매를 몸판에 연결하여 완성한다.

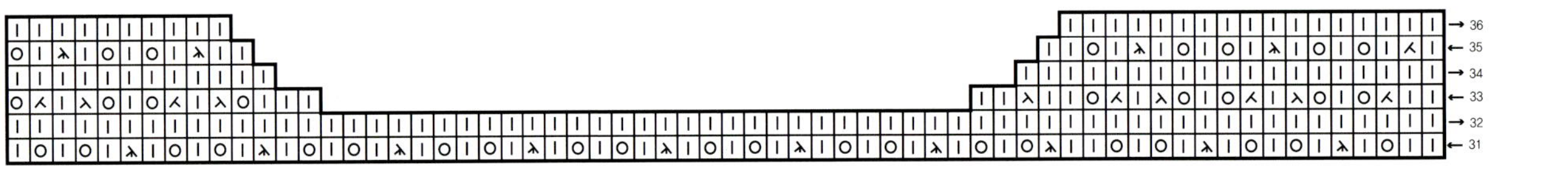

뒤판 목둘레 줄임 도안

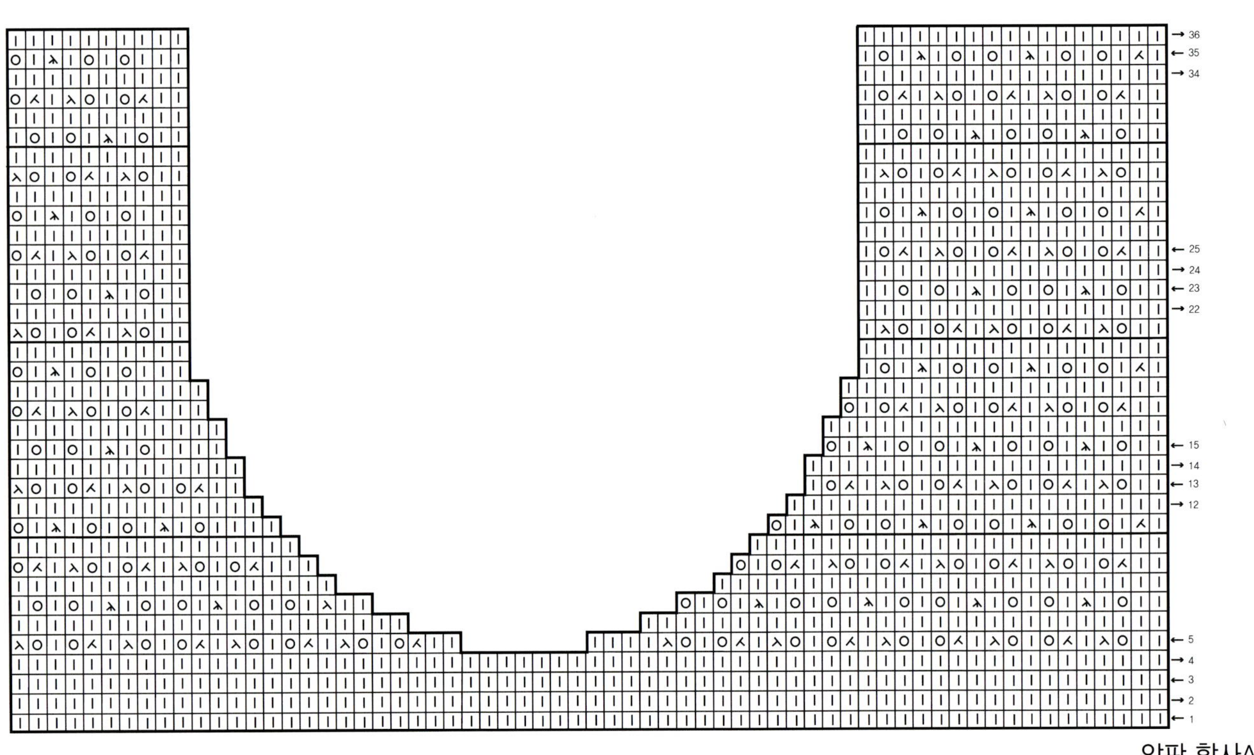

앞판 목둘레 줄임 도안

KNIT LOVE WORKSHOP
BLEND

mj홍

작가 이력

저서 – 손 땀이 예쁜 그녀의 손뜨개

카디건 Rose

30ᴾ

사용실과 사용량 : 빈센트 8p 390g
사용 도구 : 3.5mm, 4mm 대바늘
사이즈 : 뒤품 43cm, 옷길이 48cm

Tip : 뒤판의 커다란 장미 한 송이가 포인트인 단정한 카디건입니다.

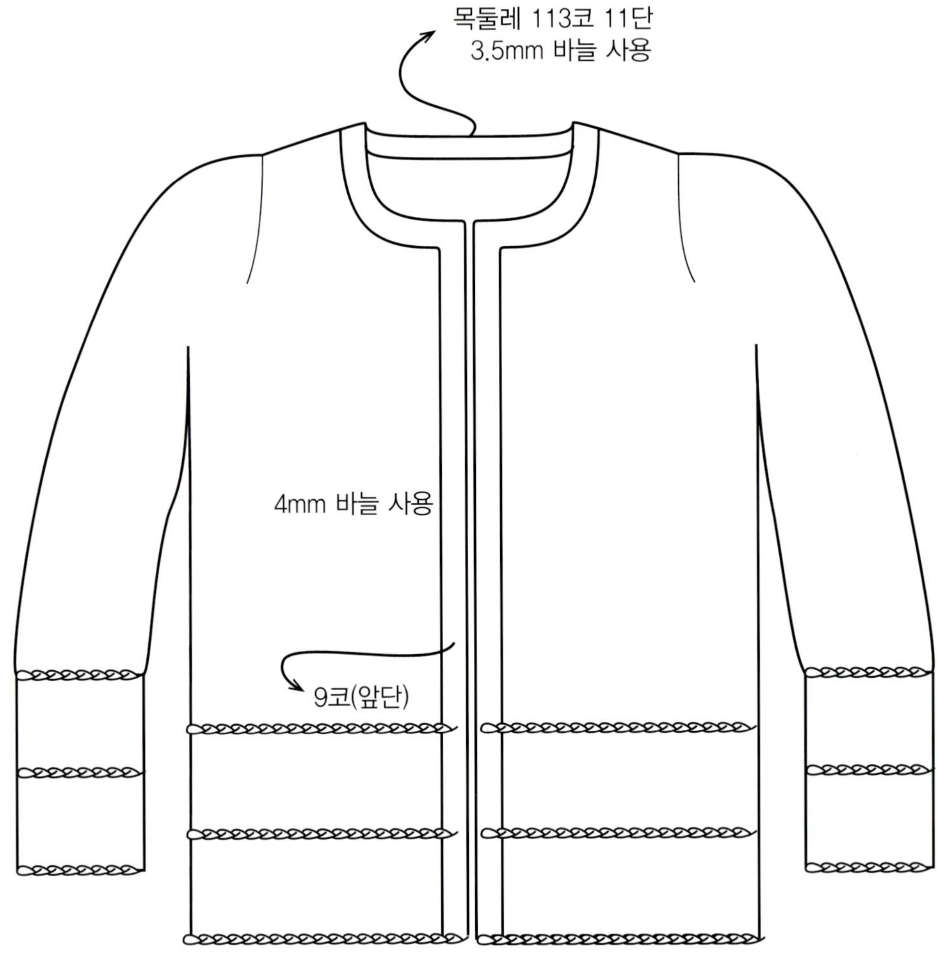

뜨는 법

1. 풀어내는 시작코 95코를 만든다.

2. Rose chart를 참고하여 뒷몸판을 뜬다.

3. 앞몸판은 풀어내는 시작코 57코를 만든다.

4. 앞섶단 가터뜨기(9코)와 함께 뜬다.

5. 좌우 앞몸판의 앞섶단을 쉼코로 두고, 목선 줄임을 하면서 뜬다.

6. 앞뒤 몸판의 어깨 부분과 옆선을 연결한다.

7. 쉼코로 두었던 앞섶단 18코과 함께 목둘레에서 95코를 주어 가터뜨기한다.

8. 아랫단은 앞뒤 몸판 모두에서 풀어내는 코를 205코를 줍는다.

9. 배색 chart를 참고하여 아래로 떠내린다.

10. 소매는 풀어내는 시작코 66코를 만들어 뜬다.

11. 몸판처럼 풀어내는 코를 주어서 배색 chart를 뜬다.

12. 소매 옆선을 꿰맨다.

13. 몸판에 소매를 연결하여 완성한다.

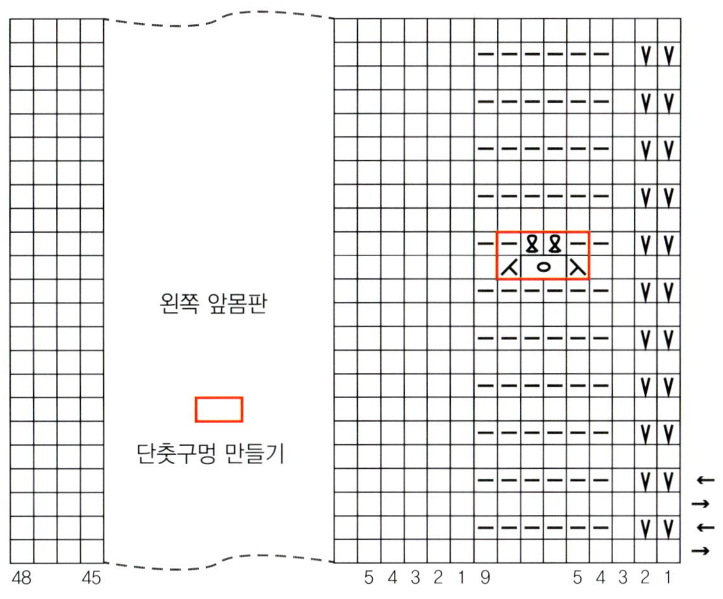

[배색 chart]

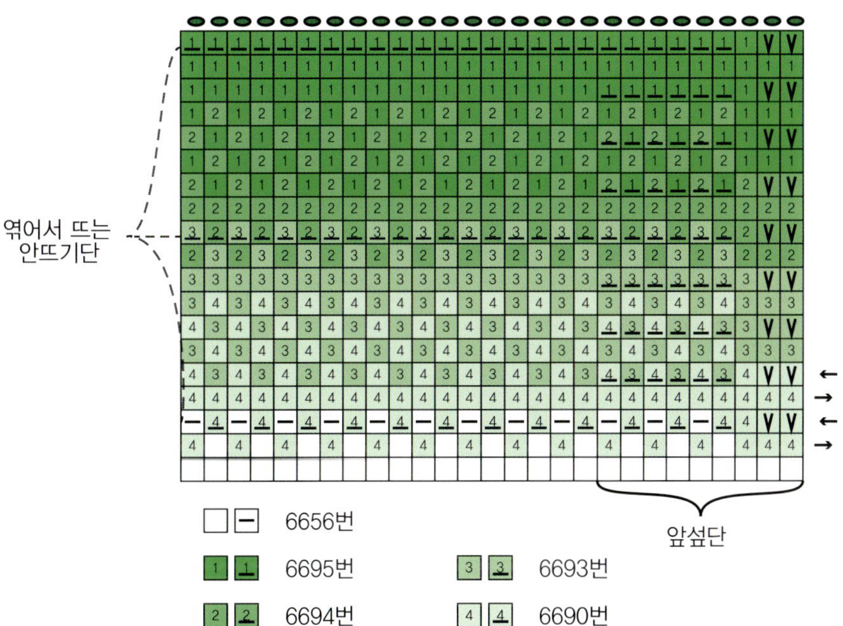

		6656번
1	1	6695번
2	2	6694번
3	3	6693번
4	4	6690번

《 엮어서 뜨는 안뜨기 》

1. 이미 a, b실로 1코×1코 배색하여 겉뜨기를 뜬다.

2. a실을 b실 위에 걸쳐서 진행 방향 뒤쪽에 둔다.

3. b실로 a실 코를 안뜨기 뜬다.

4. b실로 2~3을 반복하고, 다시 2~4를 반복한다.

Rose chart
<< 색상표 >>
6656번
6695번
6693번
6690번
5 6670번
6 6672번
7 6674번
8 6675번
www.mjhong.com

31P

사용실과 사용량 : 빈센트 8p 전체 사용량 75g

사용 도구 : 둘레 바늘 3.5mm, 3.75mm, 4mm

사이즈 : 둘레 50cm, 모자 길이 24cm

Tip : 입체적 둥근 선을 경계로 서서히 색을 달리하여 마치 날염실 같은 느낌을 내었습니다.

※ 141쪽 [엮어서 뜨는 안뜨기] 참고

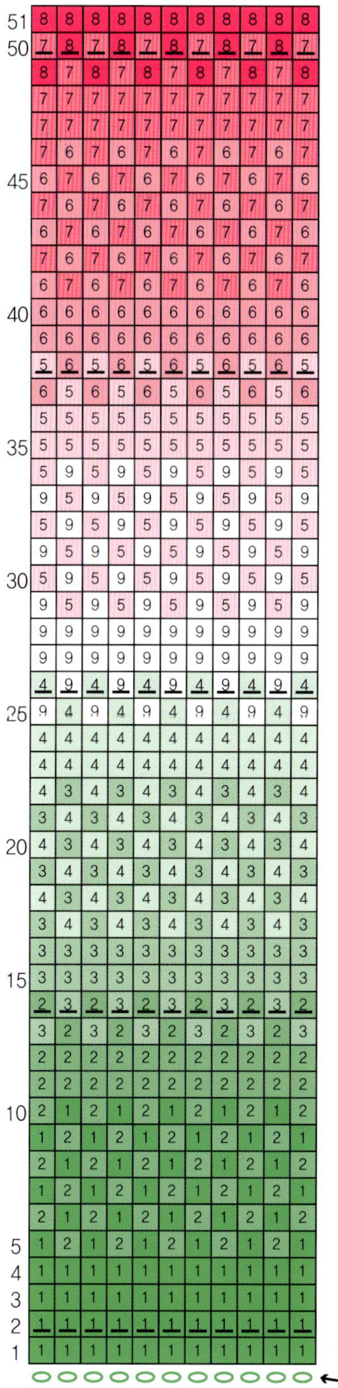

《 색상표 》

☐	겉뜨기	
⊟	엮어서 뜨는 안뜨기	
8 8	6675번	
7 7	6674번	
6 6	6672번	
5 5	6670번	
9 9	6656번	
4 4	6690번	
3 3	6693번	
2 2	6694번	
1 1	6695번	

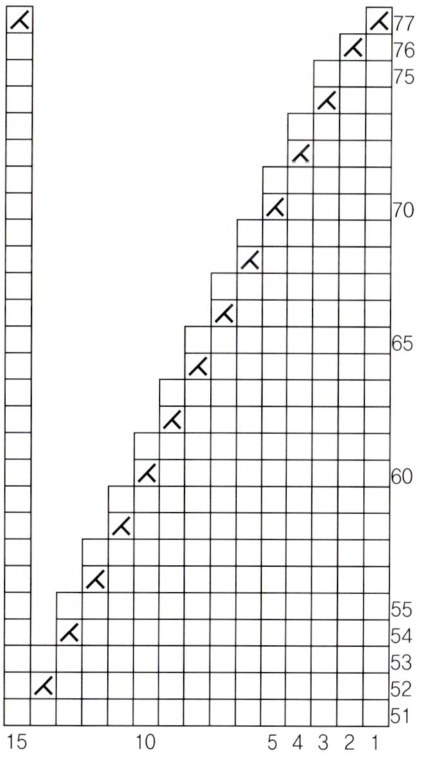

코바늘 시작코

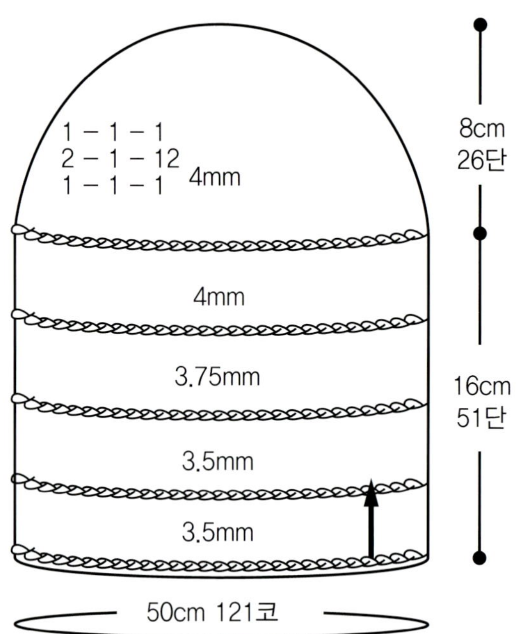

뜨는 법

1. 코바늘 시작코 121코를 만든다.

2. 첫 단은 둥글게 연결하면서 겉뜨기로 뜬다.

3. 두 번째 단은 '엮어서 뜨는 안뜨기'를 뜬다.

4. 색상을 변경하면서 경계 부분에 엮어서 뜨는 안뜨기로 입체감을 준다.

5. 8번 색실로 색상 변경 없이 52단째에서부터 줄임 시작한다.

6. 전체 콧수를 8등분하여 2단에 한 번씩 마지막 8코가 남을 때까지 줄여준다. 53단째에서 (홀수로 시작된) 1코만 더 줄여준다.

7. 돗바늘로 남은 8코를 꿰어 단단히 여미고 실끝을 정리하여 완성한다.

빈센트 베레모

32P

사용실과 사용량 : 빈센트 8p 전체 사용량 102g
사용 도구 : 둘레 바늘 3.5mm, 3.75mm, 4mm
사이즈 : 둘레 50~78cm, 모자 길이 27cm

Tip : 입체적 둥근 선을 경계로 서서히 색을 달리하여
날염실 같은 느낌을 내었습니다.
※ 141쪽 [엮어서 뜨는 안뜨기] 참고

뜨는 법

1. 코바늘 시작코 121코를 만든다.

2. 첫 단은 둥글게 연결하면서 겉뜨기로 뜬다.

3. 두 번째 단은 엮어서 뜨는 안뜨기를 뜬다.

4. 색상을 변경하면서 경계 부분에 엮어서 뜨는 안뜨기로 입체감을 준다.

5. 28단째까지 늘림단에서 16코 분산 늘림을 4회 한다.

6. 마지막 늘림 후 13단 평단을 뜬다.

7. 14단째(전체 42단째)부터 줄임단에서 16코 분산 줄임을 10회 한다.

8. 68단째 '엮어서 뜨는 안뜨기' 이후로는 9번 실로 코줄임한다.

9. 마지막 남은 13코를 실에 꿰어서 단단히 오무리고 완성한다.

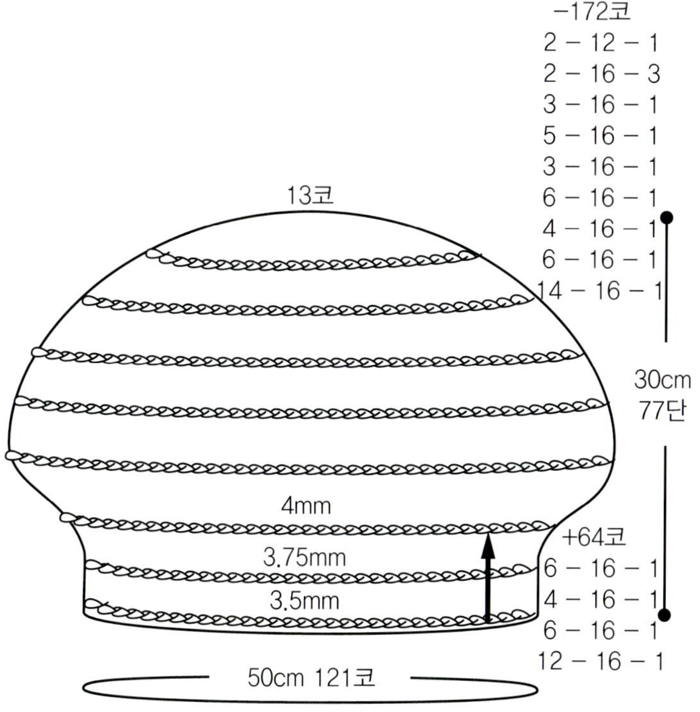

로트렉 넥워머

33P

사용실과 사용량 : 빈센트 10p 전체 사용량 160g

사용 도구 : 둘레 바늘 5mm

사이즈 : 길이 31cm × 둘레 60cm

Tip : 입체적 둥근 선을 경계로 서서히 색을 달리하여 날염실 같은 느낌을 내었습니다. 어떻게 배색을 하여도 자연스럽게 어울립니다.

※ 141쪽 [엮어서 뜨는 안뜨기] 참고

뜨는 법

1. 코바늘 시작코 121코를 만든다.

2. 첫 단은 둥글게 연결하면서 겉뜨기로 뜬다.

3. 두 번째 단은 엮어서 뜨는 안뜨기를 뜬다.

4. 색상을 변경하면서 경계 부분에 엮어서 뜨는 안뜨기로 입체감을 준다.

5. 72단째 '엮어서 뜨는 안뜨기'를 뜨고, 안뜨기로 코막음한다.

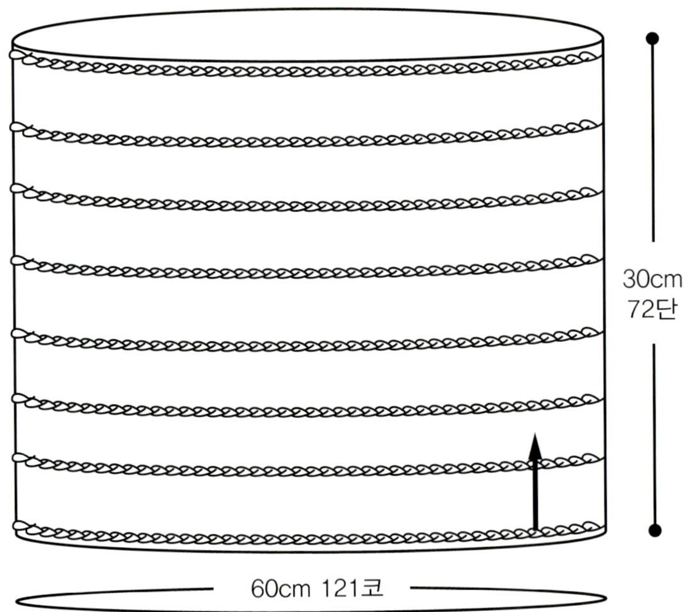

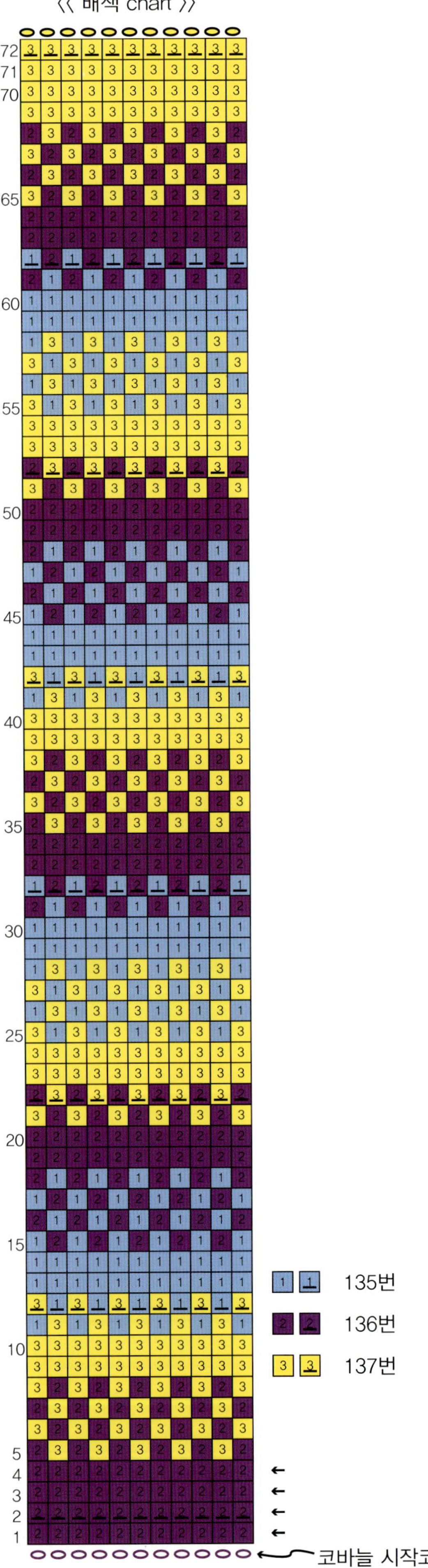

34P

사용실과 사용량 : 빅볼 전체 사용량 310g

사용 도구 : 줄바늘 5mm

사이즈 : 길이 225cm × 16cm

Tip : '엮어서 뜨는 안뜨기' 를 매단마다 떠서 양면 구분이 없습니다. 별도로 수술을 달아주는 것이 아니고, 매단 시작할 때 수술용 실을 남기고 단 끝에서도 수술용 실을 남기고 끊습니다.
※ 141쪽 [엮어서 뜨는 안뜨기] 참고

뜨는 법

1. 코바늘 시작코 320코를 만든다.

2. 두 가닥의 실로 '엮어서 뜨는 안뜨기'를 뜬다.

3. 한 단이 끝나면 수술 길이만큼 남기고 실을 끊는다.

4. 다음 단을 시작할 땐 수술 길이만큼 실끝을 두고 첫 코를 뜬다.

5. 3~4를 (색상 변경 chart를 참고하면서) 반복하여 뜬다.

6. 39단을 뜨고, 안뜨기로 코막음하여 마무리한다.

7. 수술은 단 순서대로 4가닥씩 묶어주고 정리하여 완성한다.

〈〈 색상표 〉〉

☐	겉뜨기
⊥	엮어서 뜨는 안뜨기
4 4	4번
3 3	3번
2 2	2번
1 ⊥	1번

코바늘 시작코

16cm
39단

225cm 320코

15cm

35ᴾ

사용실과 사용량 : 로얄 알파카 6301번 315g, 0020번 185g

사용 도구 : 대바늘 3.5mm, 4mm, 4.5mm

사이즈 : 뒤품 43cm, 옷길이 49cm

Tip : 복잡해 보이지만 뜰수록 재미있는 엮음 무늬는 느슨하게 떠야 무늬가 예쁘게 표현됩니다.

뜨는 법

1. 별실로 풀어내는 시작코 112코를 만든다.

2. 메리야스뜨기 6단을 뜨고, 끌어올려 2코 고무뜨기 224코를 만든다.

3. A무늬로 단을 뜨고, 중간 부분에서 1코를 더 만들면서 겉뜨기 1단을 뜬다.

4. 엮음 무늬를 앞뒤 몸판의 옆길이만큼 함께 떠 올리고,

5. 앞뒤 몸판을 나누어 각각의 진동 줄임을 하고, 목선 줄임과 어깨 경사뜨기를 한다.

6. 앞뒤 몸판의 어깨 부분을 연결한다.

7. 목둘레에서 112코를 주어서 B chart를 뜬다.

8. 2코 고무뜨기 돗바늘 마무리를 한다.

9. 앞여밈단은 121코를 주어서 1코 고무뜨기 3단을 뜨고 돗바늘 마무리한다.

10. 소매는 끌어올리는 코로 2코 고무뜨기 66코를 만든다.

11. C chart를 뜬다.

12. 바로 이어서 D chart로 소매를 뜬다.

13. 소매 옆선을 꿰맨다.

14. 몸판에 소매를 연결하여 완성한다.

15. 지퍼는 앞섶단 안쪽에 시침질과 새발뜨기로 달아 준다.

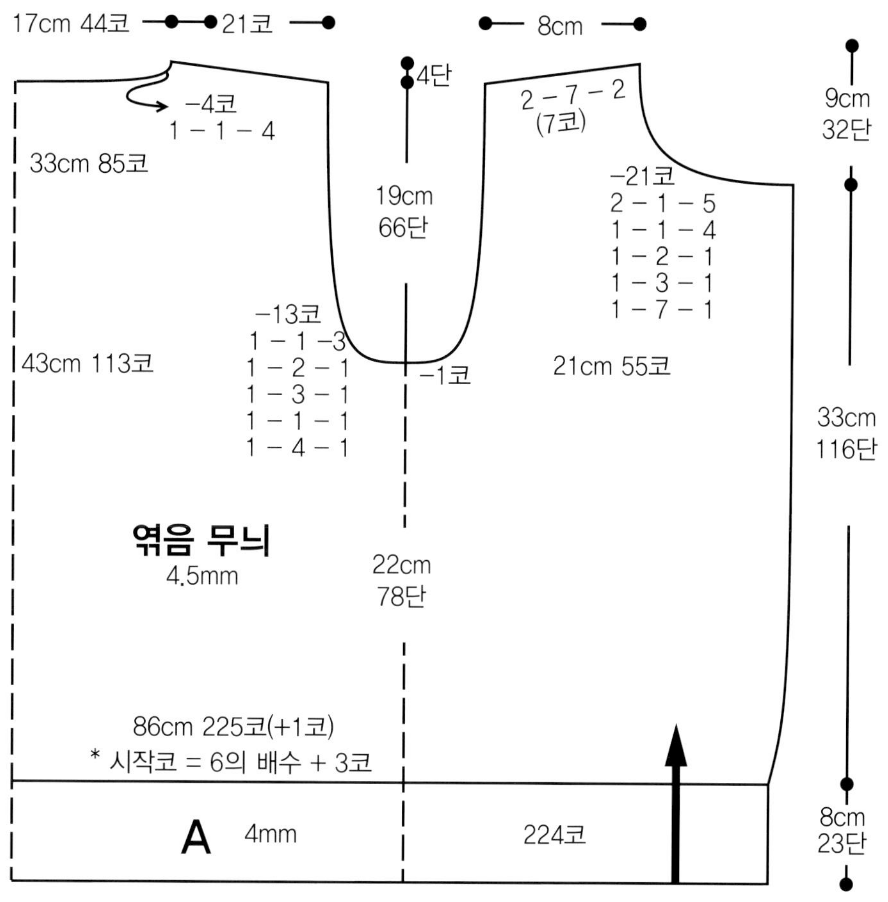

17cm 44코
21코
8cm
−4코
1 − 1 − 4
2 − 7 − 2
(7코)
9cm
32단
33cm 85코
4단
2 − 1 − 5
1 − 1 − 4
1 − 2 − 1
1 − 3 − 1
1 − 7 − 1
−21코
19cm
66단
43cm 113코
−13코
1 − 1 − 3
1 − 2 − 1
1 − 3 − 1
1 − 1 − 1
1 − 4 − 1
−1코
21cm 55코
33cm
116단
엮음 무늬
4.5mm
22cm
78단
86cm 225코(+1코)
* 시작코 = 6의 배수 + 3코
A   4mm
224코
8cm
23단

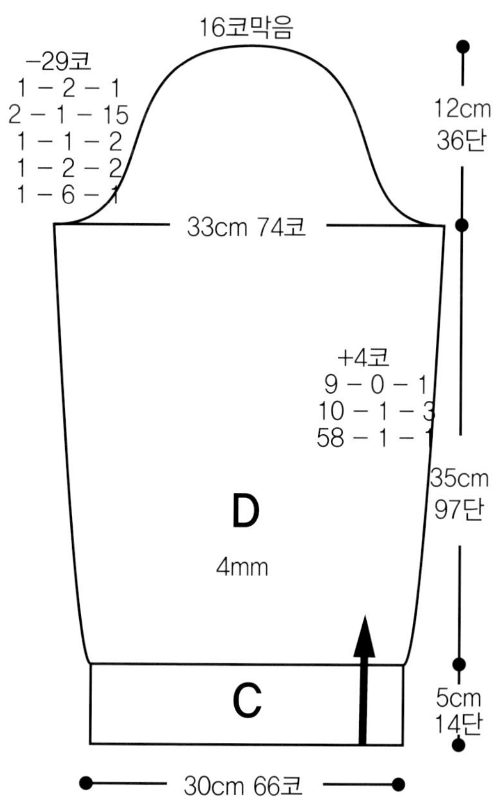

16코막음
−29코
1 − 2 − 1
2 − 1 − 15
1 − 1 − 2
1 − 2 − 2
1 − 6 − 1
12cm
36단
33cm 74코
+4코
9 − 0 − 1
10 − 1 − 3
58 − 1 − 1
35cm
97단
D
4mm
C
5cm
14단
30cm 66코

[엮음 무늬]

줄바늘 4.5mm, 한무늬 6코 x 8단(6의 배수 + 3코)

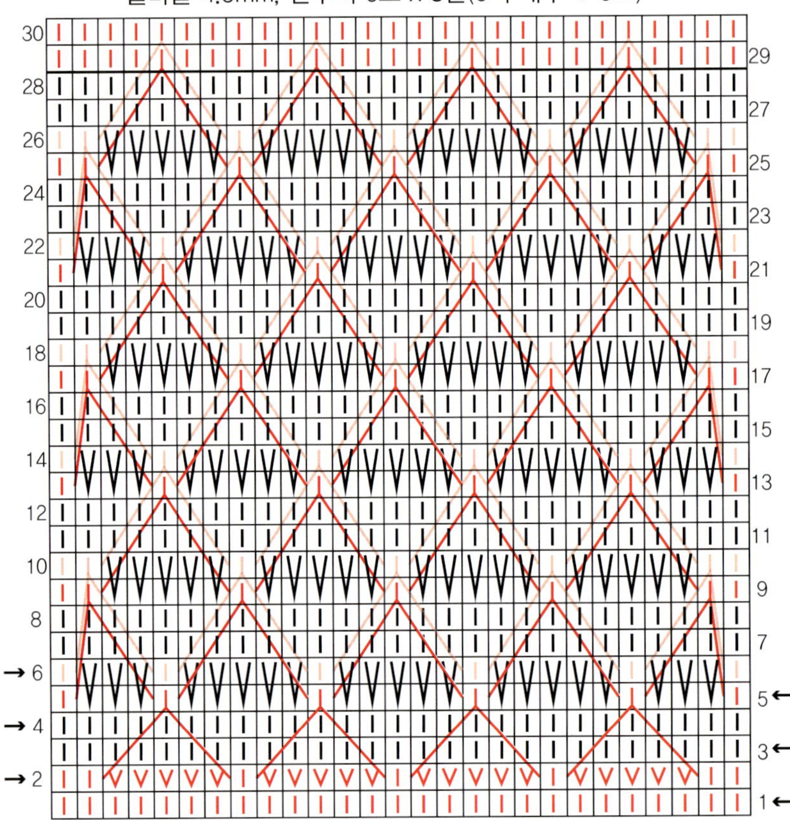

뜨는 법

1단. (a색) 겉뜨기 1단

2단. (a색)(안쪽에서) 안뜨기 2코
– [실 겉면으로 넘기고 걸러뜨기 5코 실 안면으로 넘기고 – 안뜨기 1코] 5회 반복 – 안뜨기 1코

3단. (b색) 겉뜨기 1단

4단. (b색) 안뜨기 1단

5단. (a색) 겉뜨기 1코 – 실 겉면으로 넘기고 걸러뜨기 3코 실 안면으로 넘기고
– 2단째의 길게 늘어진 a색 실을 끌어올려 함께 겉뜨기 1코
– [실 겉면으로 넘기고 걸러뜨기 5코 – 2단째의 a색 실과 함께 겉뜨기 1코] 반복 – 실 겉면으로 넘기고 걸러뜨기 3코 실
안면으로 넘기고 – 겉뜨기 1코

6단. (a색) 안뜨기 1코 – 실 계속 안면에 두고 걸러뜨기 3코 – 안뜨기 1코 – [걸러뜨기 5코 – 안뜨기 1코] 반복 – 걸러뜨기 3코
– 안뜨기 1코
　※ 반복되는 6단. (a색) 안뜨기 1코 – 실 계속 안면에 두고 걸러뜨기 3코 – (10단째의) a색 실과 함께 안뜨기 1코 –
　　[걸러뜨기 5코 – (10단째의) a색 실과 함께 안뜨기 1코] 반복 – 걸러뜨기 3코 – 안뜨기 1코

7단. (b색) 겉뜨기 1단

8단. (b색) 안뜨기 1단

9단. (a색) 겉뜨기 1코 – 5단째의 a색 실과 함께 겉뜨기 1코
– [실 겉면으로 넘기고 걸러뜨기 5코 실 안면으로 넘기고 – 5단째의 a색실과 함께 겉뜨기 1코] 반복 – 겉뜨기 1코

10단. (a색) 안뜨기 1코 – 6단째의 a색 실과 함께 안뜨기 1코 – [걸러뜨기 5코 – 6단째의 a색 실과 함께 안뜨기 1코] 반복 –
안뜨기 1코

11단. (b색) 겉뜨기 1단

12단. (b색) 안뜨기 1단

※ **5~12단** 반복(이제부터는 '반복되는 6단'을 뜬다)

앞여밈단(줄바늘 3.5mm, 121코 x 3단)

[A chart]

아랫단(줄바늘 4mm, 224코 x 23단)

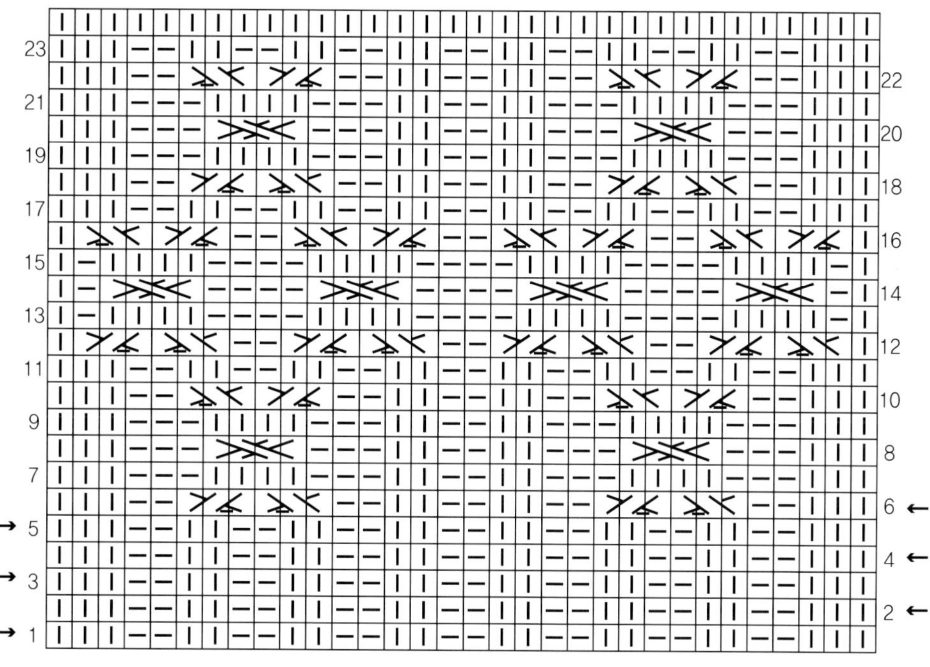

[B chart]

목둘레단(줄바늘 4mm, 112코 x 13단)

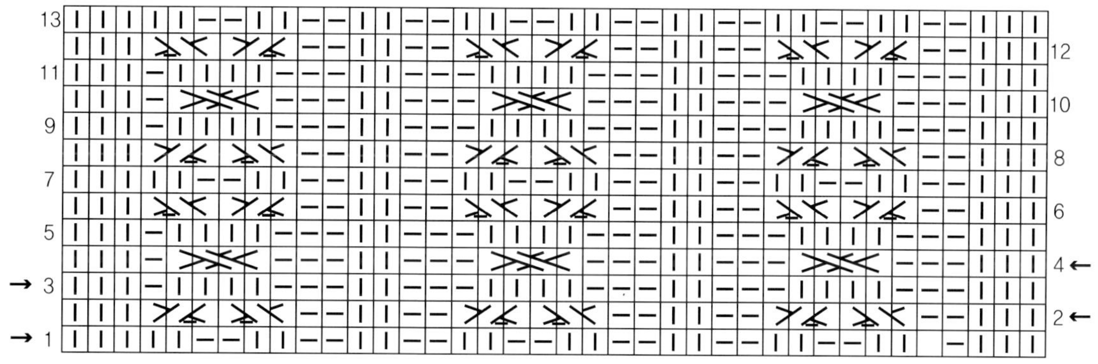

[C, D chart]

손목단과 소매(줄바늘 4mm, 112코 x 12단)

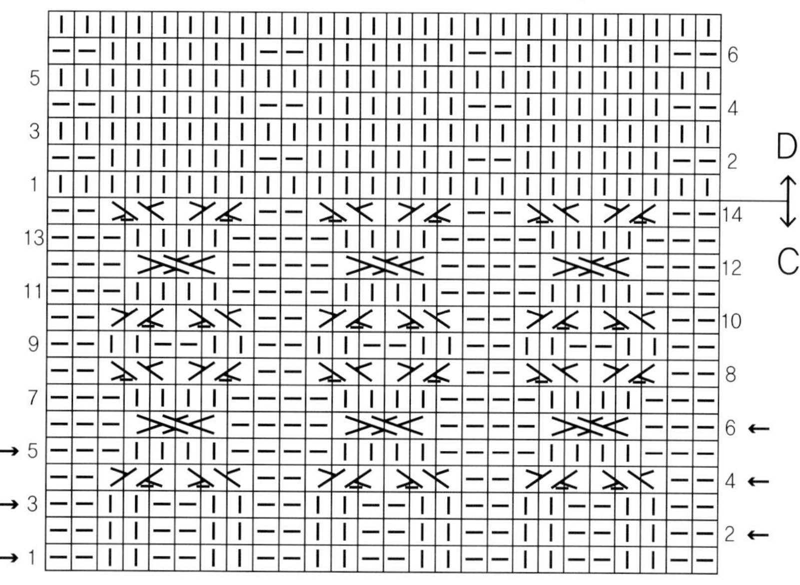

노트북 가방 – 엮음

36ᴾ

사용실과 사용량 : 빅토리아 VICTORIA 803번 80g, 804번 60g

사용 도구 : 대바늘 3.75mm

사이즈 : 가로 27cm x 세로 38cm

Tip : 촘촘한 느낌의 엮음 무늬가 노트북을 안전하게 보호해 줄 것 같습니다.

※ 150쪽 [엮음 무늬] 참고

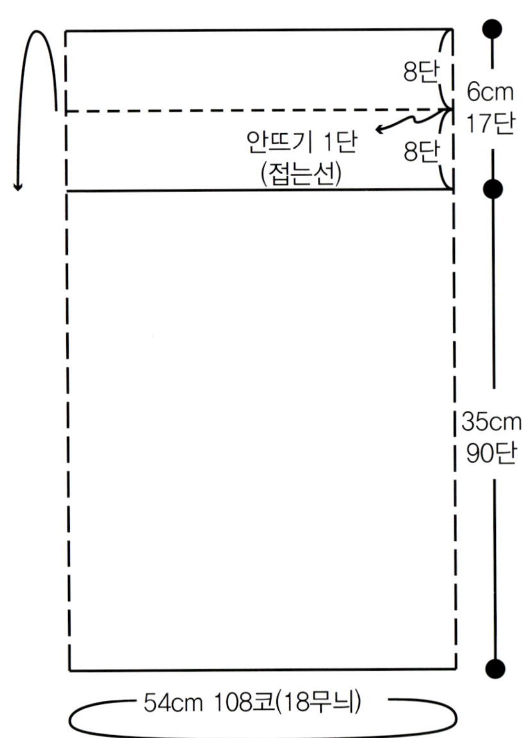

뜨는 법

1. 별실로 풀어내는 시작코 54코를 만든다.

2. 겉뜨기 1단을 뜨고, 별실 풀면서 54코를 이어서 둥글게 뜬다.

3. 엮음 무늬를 90단을 뜬다.

4. 단은 겉뜨기 3cm를 뜨고 안쪽으로 접어넣을 경계선으로 안뜨기 1단, 다시 겉뜨기 3cm 뜨고 코막음한다.

5. 경계선(안뜨기) 안쪽으로 접어서 감침질한다.

6. 가방 손잡이를 꿰매어 완성한다.

싱그러움(스카프랑 비니랑)

37 P

사용실과 사용량 : 페어리 / 스카프 64g(a실 10번 32g, b실 4번 32g), 비니 29g(a실 10번 16g, b실 4번 11g)

사용 도구 : 대바늘 3.75mm

사이즈 : 스카프 182cm x 16cm, 비니 둘레 48cm

Tip : 양끝의 언밸런스한 색상 배열이 싱그러움을 더해 줍니다.

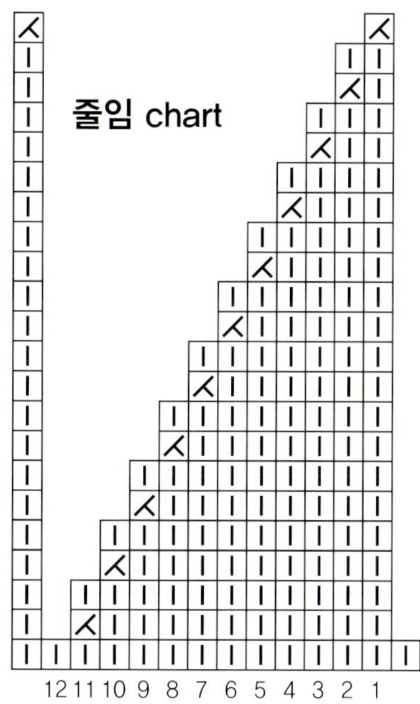

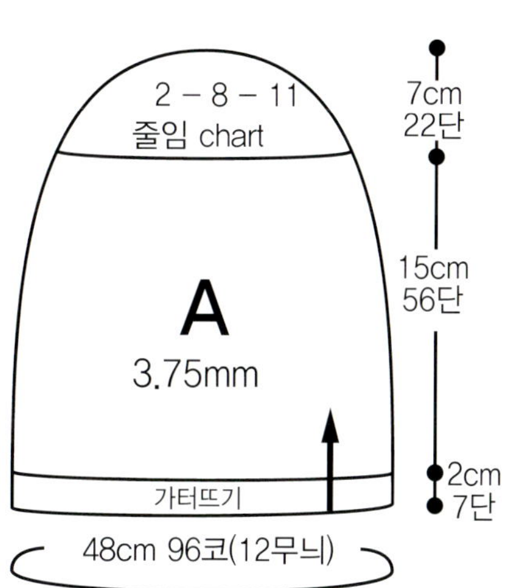

뜨는 법

1. a실로 코바늘 시작코 35코를 만든다.

2. 가터뜨기 7단을 뜬다.

3. b실과 a실로 배색하면서 무늬A를 41cm 뜬다.

4. 무늬B를 b실로 50cm, a실로 50cm를 뜬다.

5. a실과 b실로 배색하면서 무늬A를 41cm 뜬다.

6. b실로 가터뜨기 6단을 뜨고 코막음으로 마무리한다.

7. 모자는 a실로 코바늘 시작코 96코를 만든다.

8. 둥글게 연결하여 가터뜨기를 뜬다.

9. b실과 a실로 배색하면서 무늬A를 15cm 뜬다.

10. b실로 메리야스뜨기하면서, '줄임 chart' 참고하여 8코 남을 때까지 뜬다.

11. 돗바늘로 남은 8코를 꿰어 단단히 여미고

12. 실끝을 정리하여 완성한다.

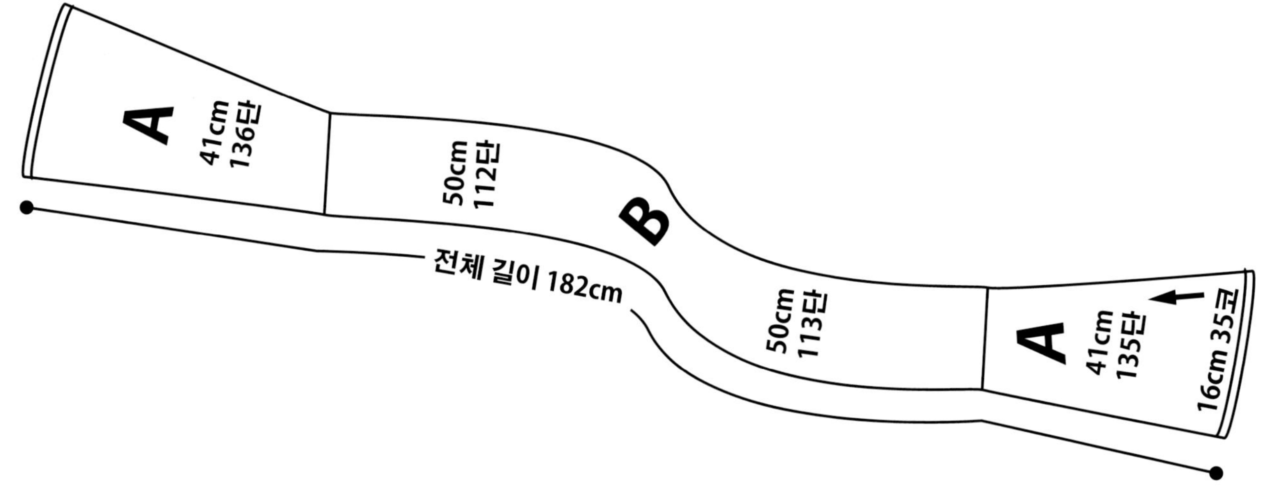

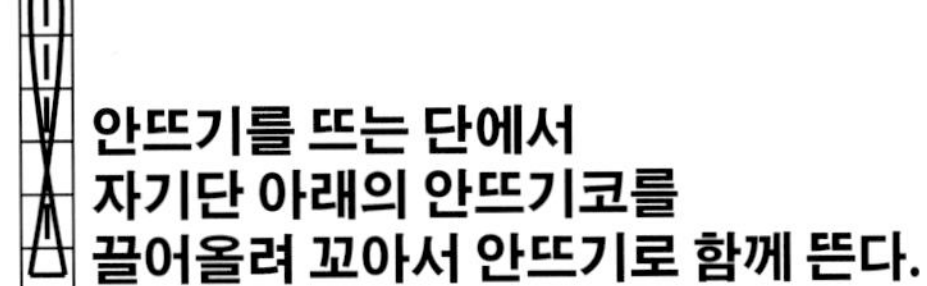

안뜨기를 뜨는 단에서
자기단 아래의 안뜨기코를
끌어올려 꼬아서 안뜨기로 함께 뜬다.

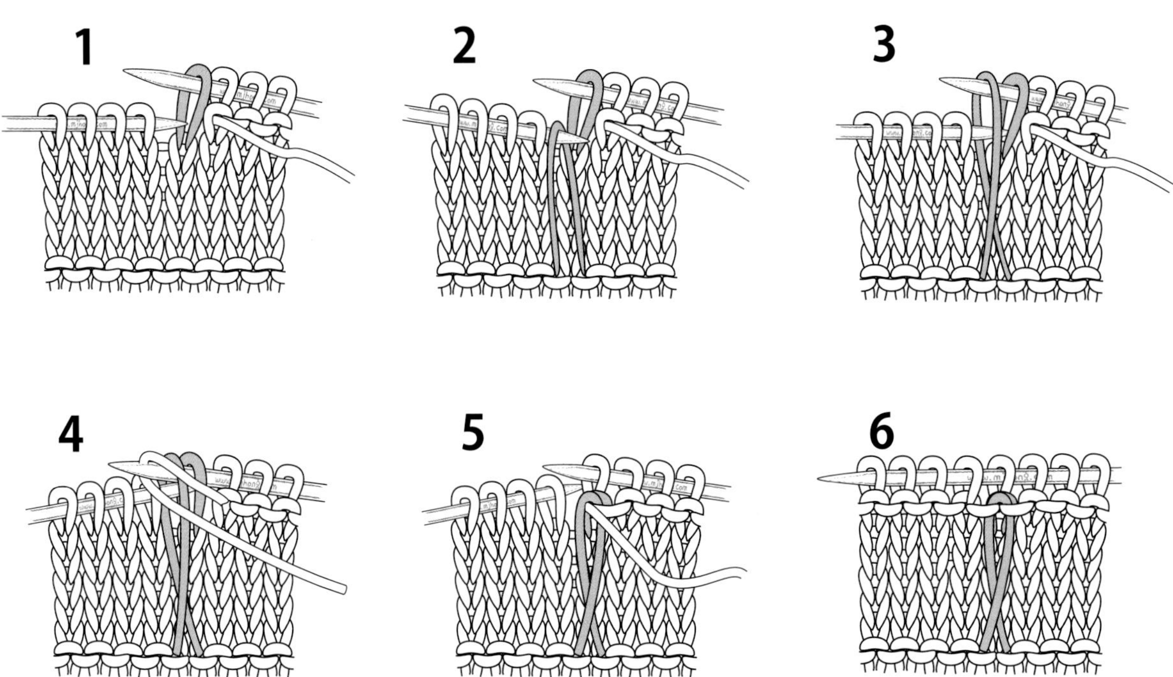

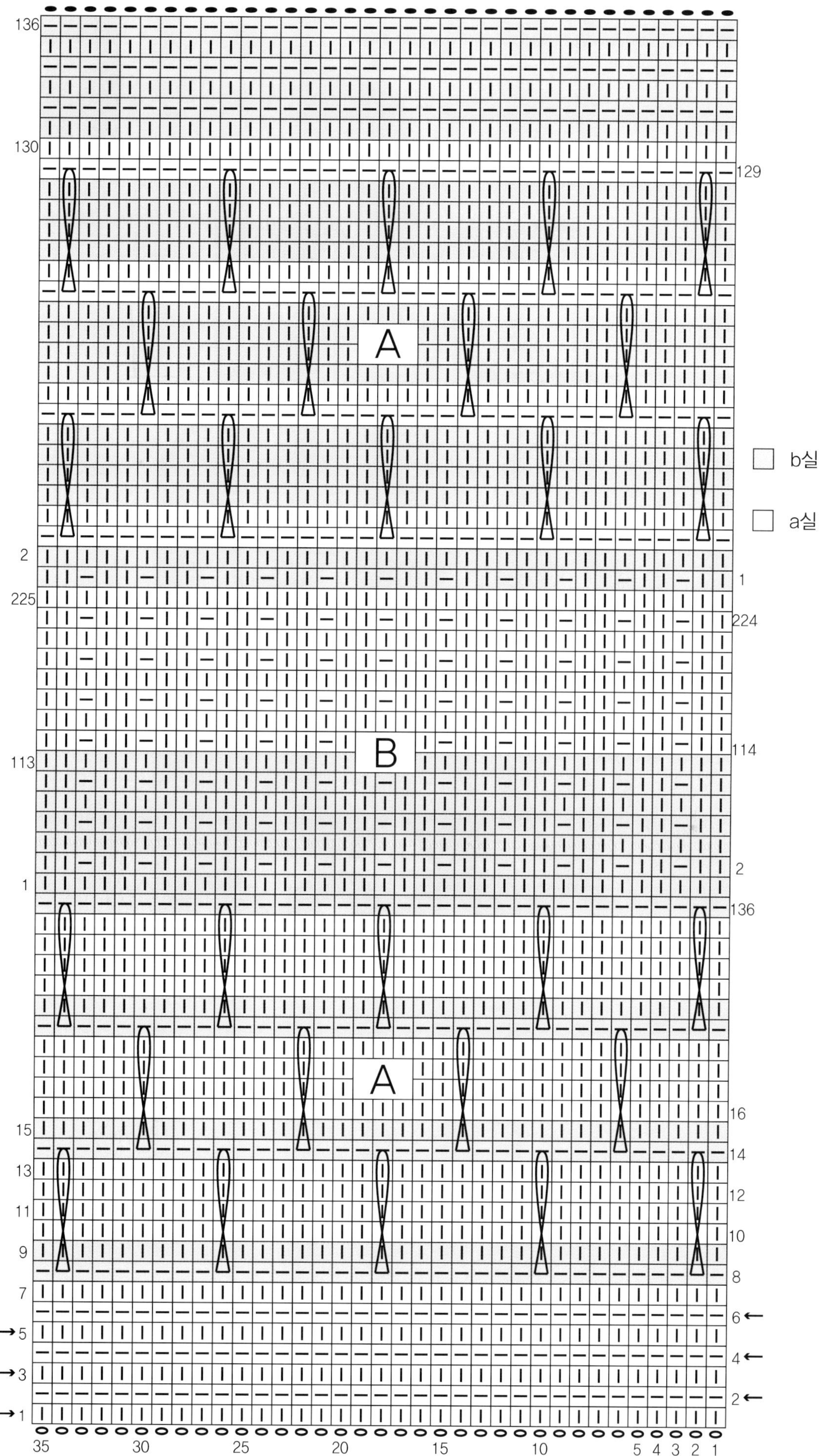
b실
a실
A
B
A

38ᴾ

사용실과 사용량 : 빅볼 멜란지 312g

사용 도구 : 줄바늘 5mm, 코바늘 8/0호

사이즈 : 옷길이 56cm, 뒤품 88cm

Tip : 도미노 기법. 아랫단에 빈 공간으로 작은 여유를 가집니다.

뜨는 법

1. 코 만들기는 손가락에 걸어서 만든다.

2. 코를 주울 땐 편물의 안쪽에서, 반 코(한 가닥)에 찔러서 안뜨기로 줍는다.

3. 일반코 25코를 만들어서 모티브 A`를 각각 7장 뜬다.

4. 모티브 B는 모티브 A`를 연결하면서 8장을 뜬다.

5. 도안을 참고하여 오른쪽 첫 번째 모티브 A에 단춧구멍을 내어 주면서 모티
   브 A → C → A → B → A → C (C`) 순서로 뜬다.

6. 뒷몸판 쪽에서 모티브 A를 뜨고, 앞몸판의 모티브 C`에 돗바늘로 연결한다.

7. 몸판 전체 둘레와 소매 둘레에 코바늘로 빼뜨기를 한다.

8. 왼쪽 첫 번째 모티브 A에 단추를 달아 준다.

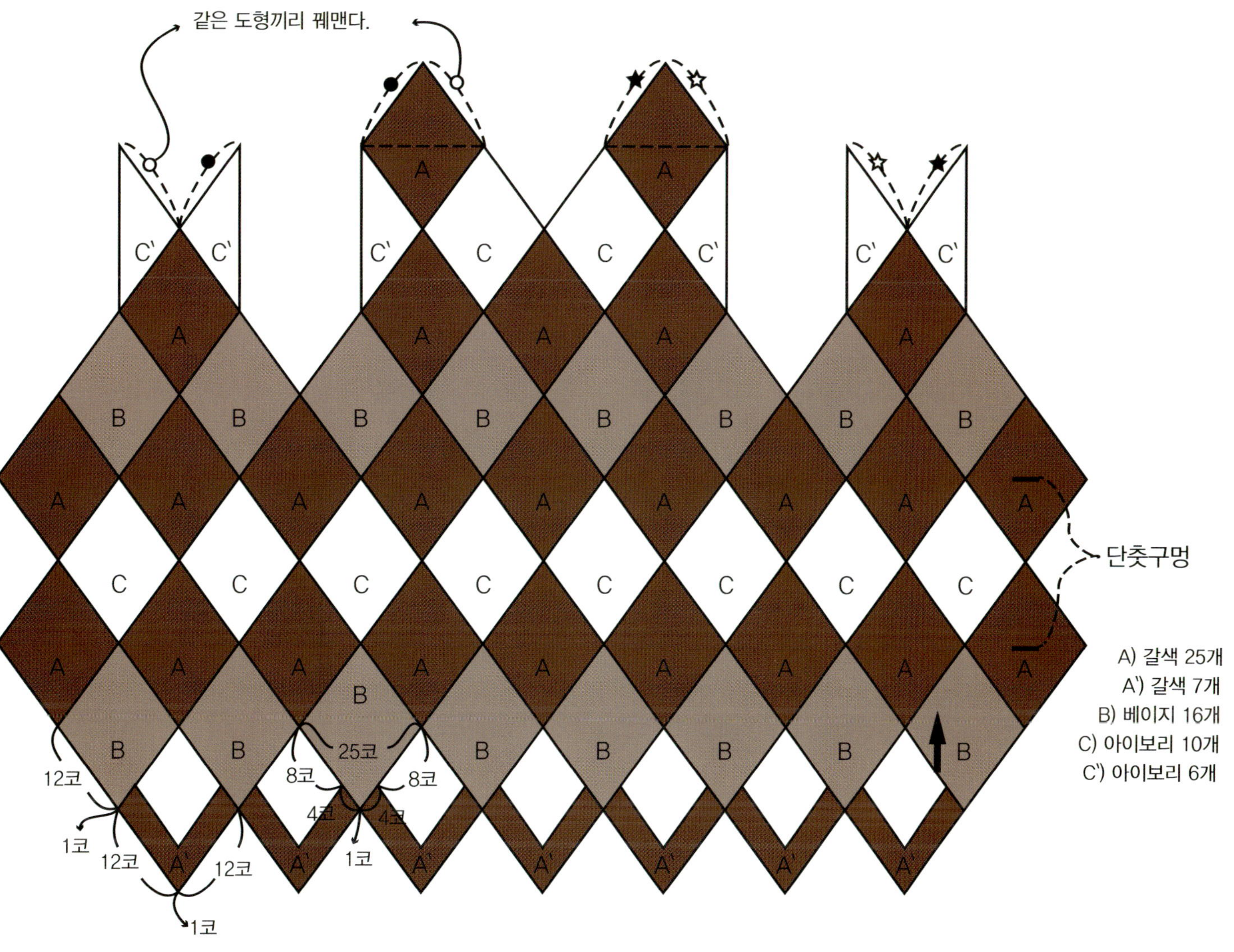

같은 도형끼리 꿰맨다.
C' C'
A
B B
A A
C C
A A
B B
12코
25코
8코 8코
4코 4코
1코
12코
1코
12코
A'
A'
1코
A
단춧구멍
A
A) 갈색 25개
A') 갈색 7개
B) 베이지 16개
C) 아이보리 10개
C') 아이보리 6개

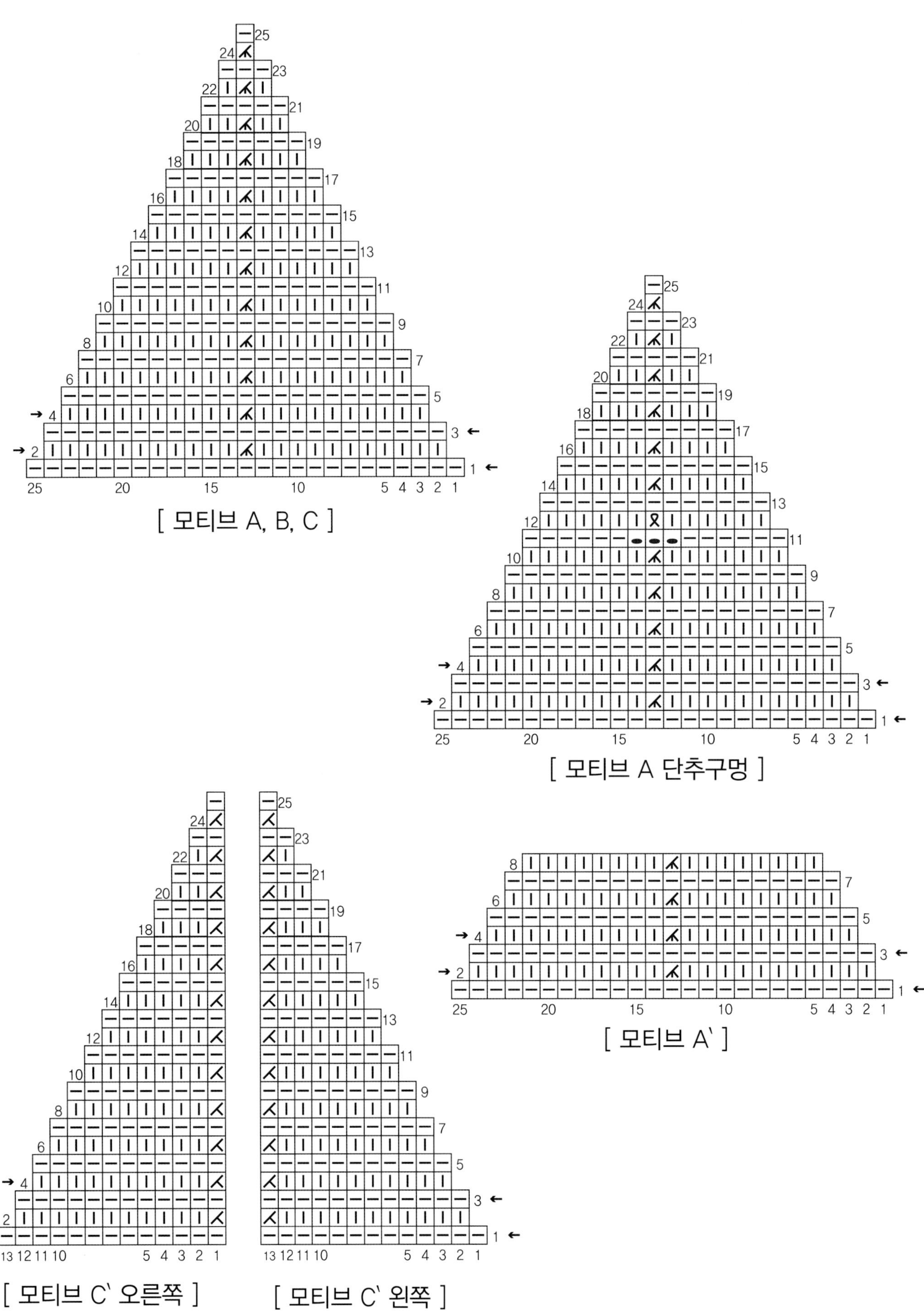
[모티브 A, B, C]
[모티브 A 단추구멍]
[모티브 A`]
[모티브 C` 오른쪽]
[모티브 C` 왼쪽]

39ᴾ

사용실과 사용량 : 라세누 아크릴 100% 388g

사용 도구 : 줄바늘 5.5mm

사이즈 : 옷길이 73cm, 뒤품 86cm

Tip : 배색 꽈배기 무늬를 앞단과 뒤태에 배치하여 사랑스럽게 표현했습니다.

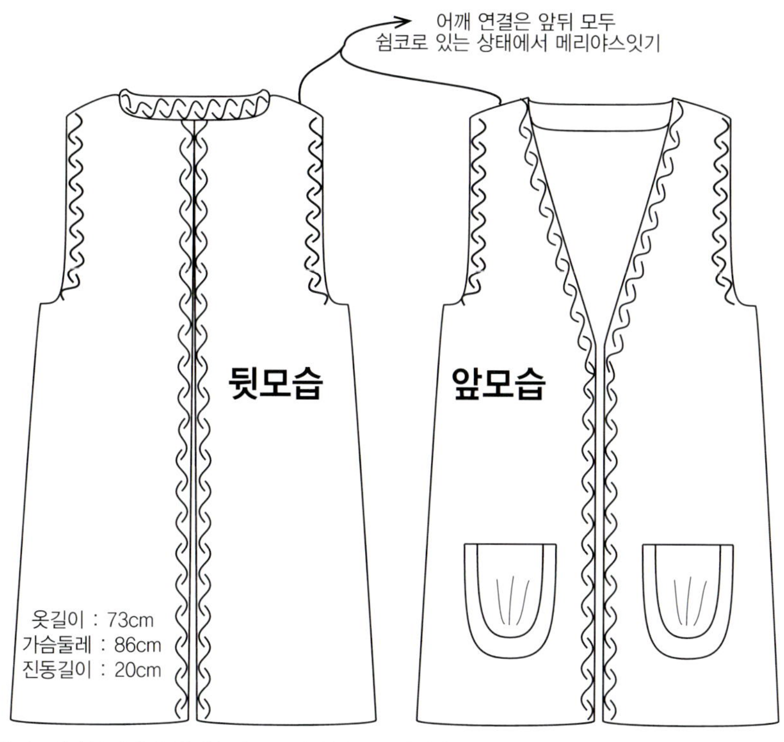

뜨는 법

1. 뒤트임 오픈 조끼이기에 뒷몸판도 두 장을 뜬다.

2. 배색 꽈배기단이 포인트로 앞뒤 몸판 각각 두 장을 서로 대칭이 되게 꽈배기의 위치와 방향을 유의하며 떠 준다['앞몸판(왼쪽) chart' 참고].

3. 바탕실로 1코 고무뜨기 시작코 35코를 만들고, 1코 고무뜨기 1단을 뜬다.

4. 꽈배기 부분만 배색하면서 도안을 참고하여 뜬다.

5. 특히 진동 부분의 꽈배기 방향을 앞몸판은 서로 같은 방향으로, 뒷몸판은 서로 마주 보는 방향으로 진행한다.

6. 꽈배기 무늬가 바로 단이 되니 첫 코는 걸러뜨기하여 주고 단, 뒷몸판의 경우 등길이 35cm만큼은 꿰매기 위해 첫 코도 떠준다.

7. 주머니는 '주머니 chart'처럼 양옆의 꽈배기 방향을 같은 방향으로 뜨고 24단째(도안상엔 다시 1단)에 '1코 걸러뜨기 – 6코 겉뜨기 – 2코 모아뜨기 – 돌려잡고 – 1코 걸러뜨기 – 7코 안뜨기'를 왼쪽 바늘에 8코(왼쪽의 꽈배기단)가 남을 때까지 반복한 후

8. 왼쪽 바늘의 8코를 꽈배기 방향으로 코의 순서를 바꿔 놓은 상태에서 오른쪽 바늘의 8코와 돗바늘로 메리야스잇기한다.

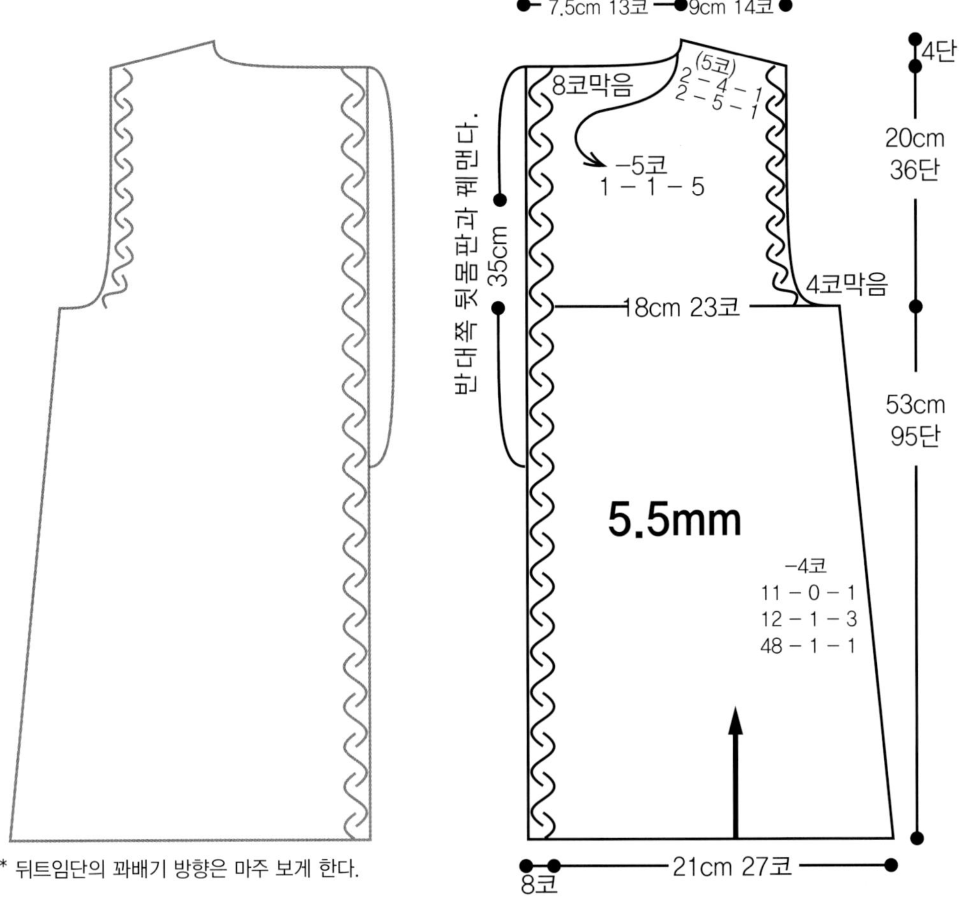

* 뒤트임단의 꽈배기 방향은 마주 보게 한다.

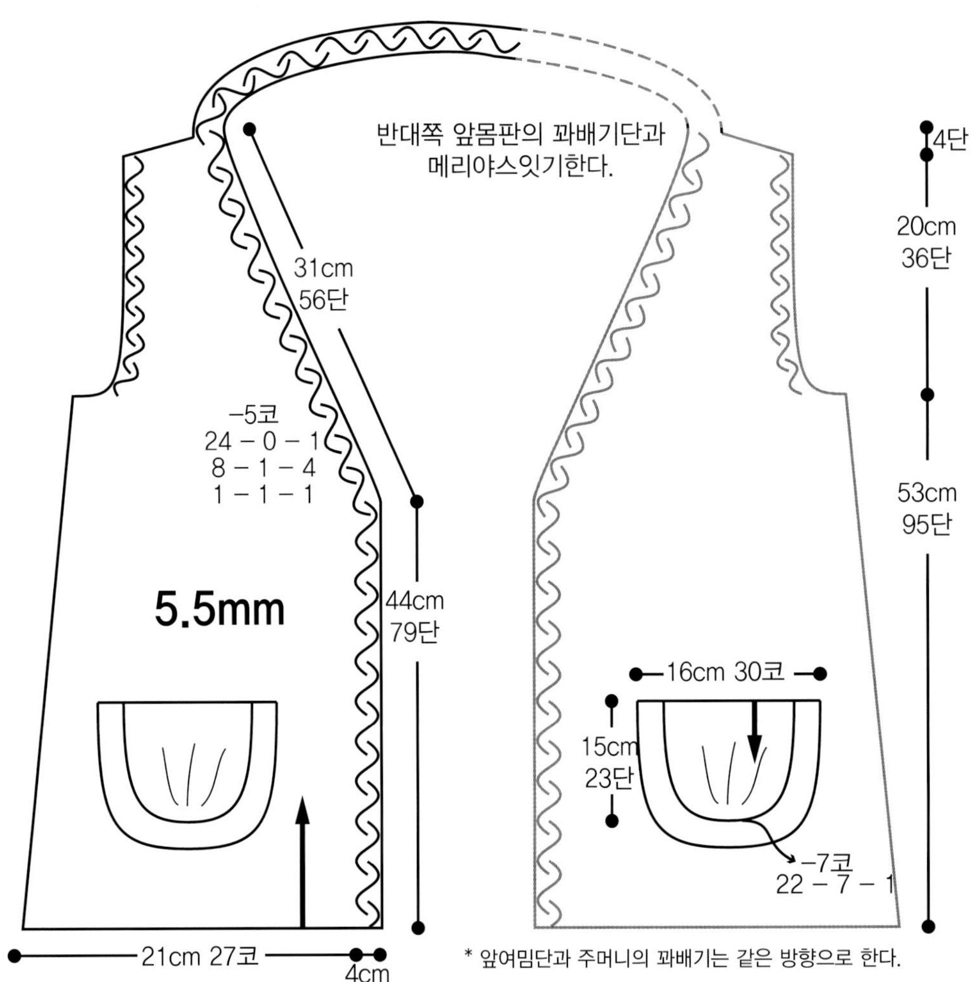

* 앞여밈단과 주머니의 꽈배기는 같은 방향으로 한다.

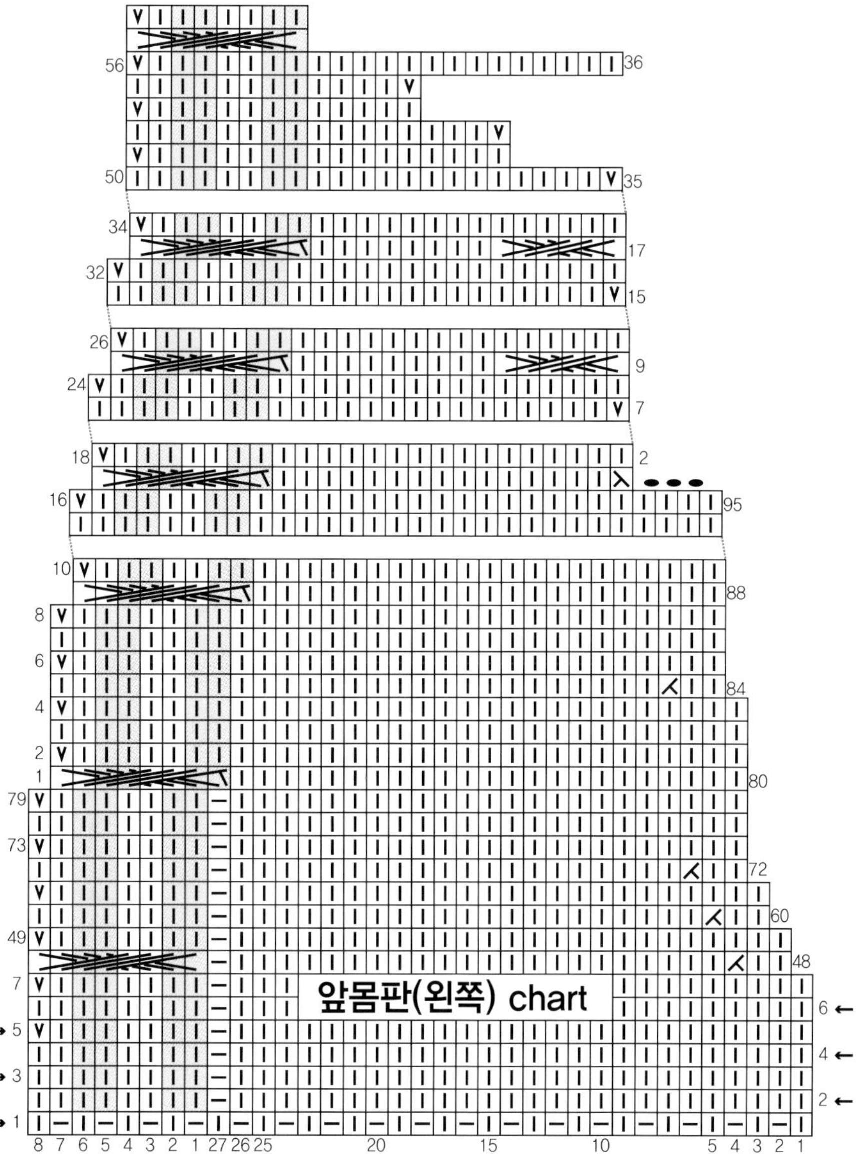
앞몸판(왼쪽) chart

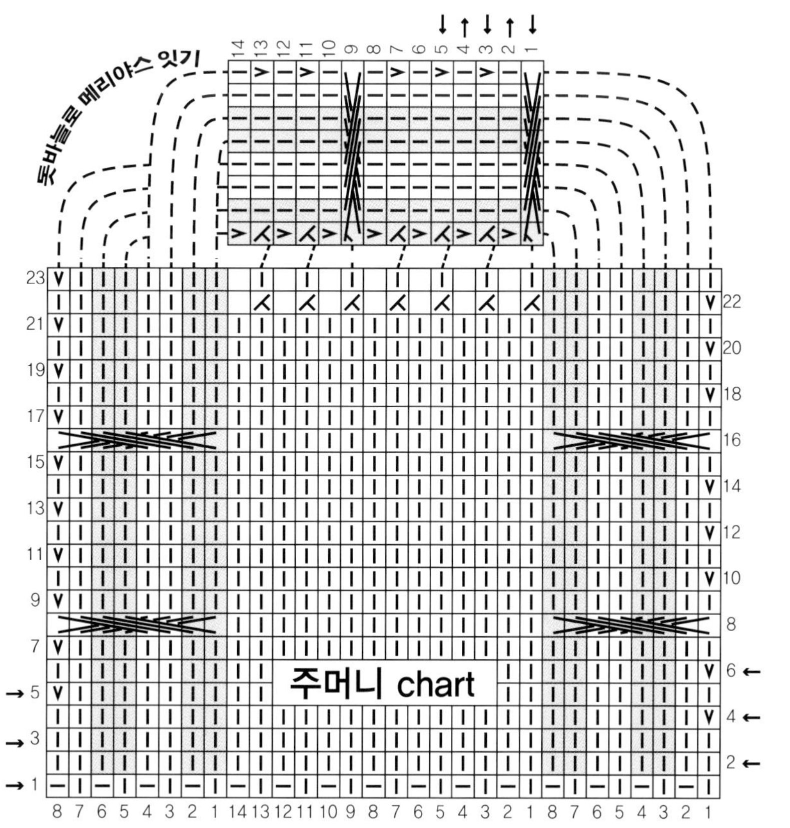
돗바늘로 메리야스 잇기
주머니 chart

40^P

사용실과 사용량 : Aipaca Paese 425g

사용 도구 : 대바늘 3.5mm, 4mm

사이즈 : 뒤품 40cm, 옷길이 55cm

Tip : 작품명이 말해주듯이 넉넉한 앞섶으로 숄처럼 포근히 감싸안을 수 있습니다.

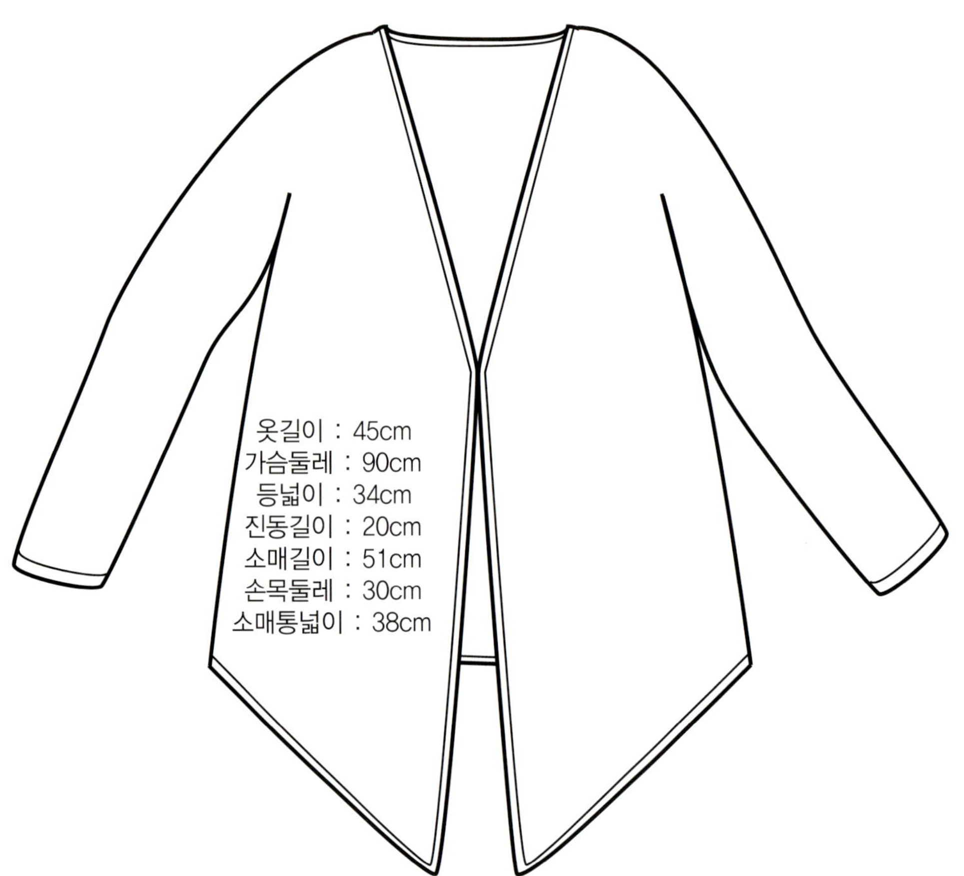

뜨는 법

1. 별실로 풀어내는 시작코 108코를 만든다.

2. chart 참고하여 숄을 뜬다.

3. 소매 위치에 겉면을 뜨면서 40코를 코막음하고, 안면을 뜰 때 손가락에 거는 코로 다시 40코를 만들어 주며 진행한다.

4. 숄 마지막단 끝에서 손가락에 거는 코를 3코 만들어서 전체 가장자리에 4코 아이코드로 마무리한다(별실은 풀어내고 코를 줍고, 코마다, 2단마다 아이코드 단수를 동일하게 뜬다).

5. 소매는 별실로 풀어내는 시작코 61코를 만든다.

6. 메리야스뜨기로 뜬다.

7. 소매 옆선을 꿰맨다.

8. 손목단은 별실을 풀어내고 코를 주어 몸판처럼 아이코드로 마무리한다.

9. 몸판에 소매를 연결하여 완성한다.

아이코드 시작(3.5mm)
1cm
아이코드
10cm
20코
손가락에 가는 코로
다시 40코 만든다.
40코막음
4mm
20cm
40코
55cm
108코
25cm
48코
45cm 112.5단
34cm 85단
45cm 112.5단

[숄 chart]

−26코
1 − 2 − 1
1 − 1 − 4
2 − 1 − 4
1 − 1 − 6
1 − 2 − 2
1 − 6 − 1
25코막음
9cm
22단
38cm 77코
+8코
9 − 0 − 1
10 − 1 − 7
25 − 1 − 1
41cm
103단
4mm
30cm 61코
1cm
아이코드단

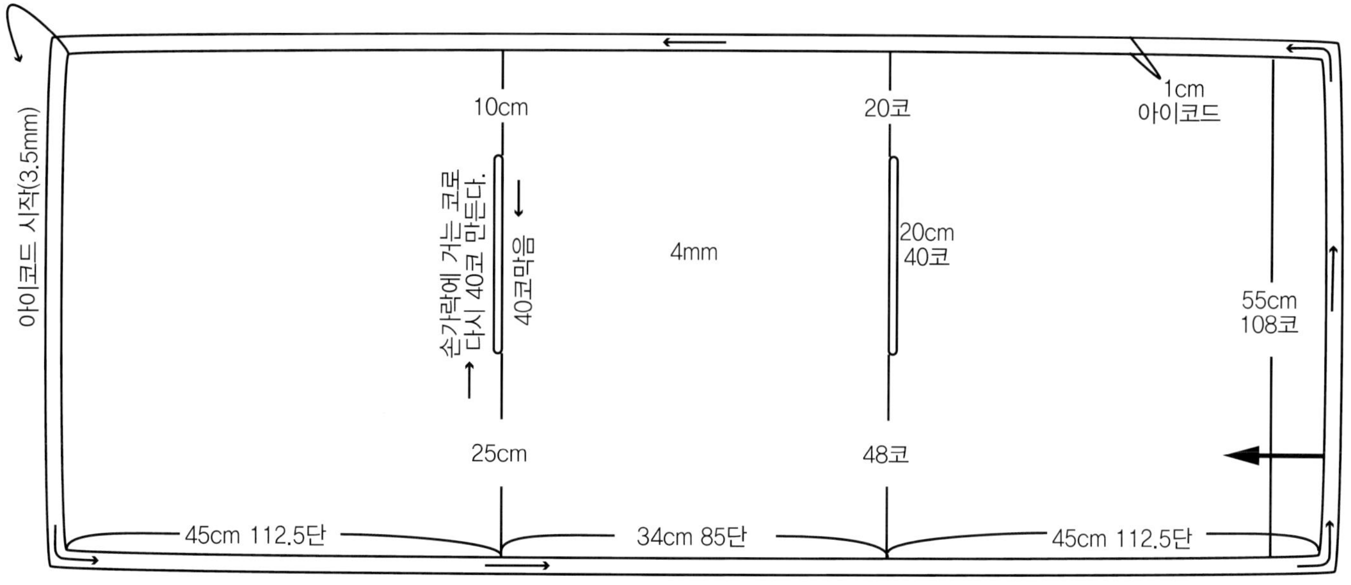

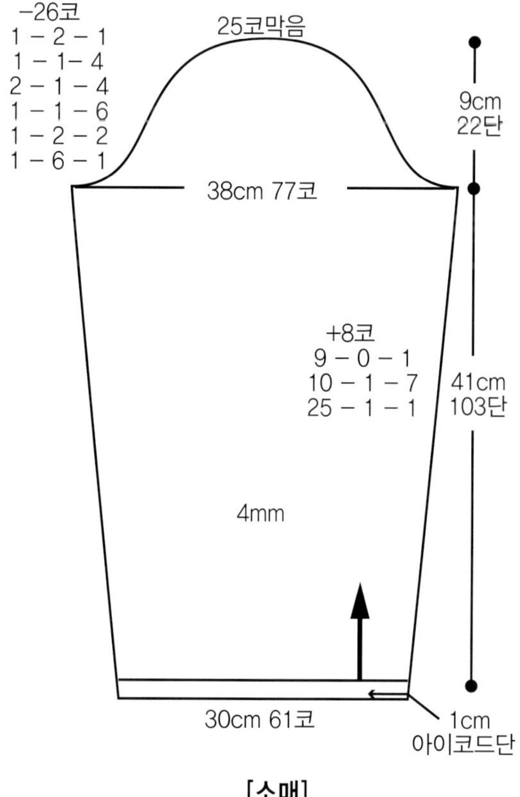

[소매]

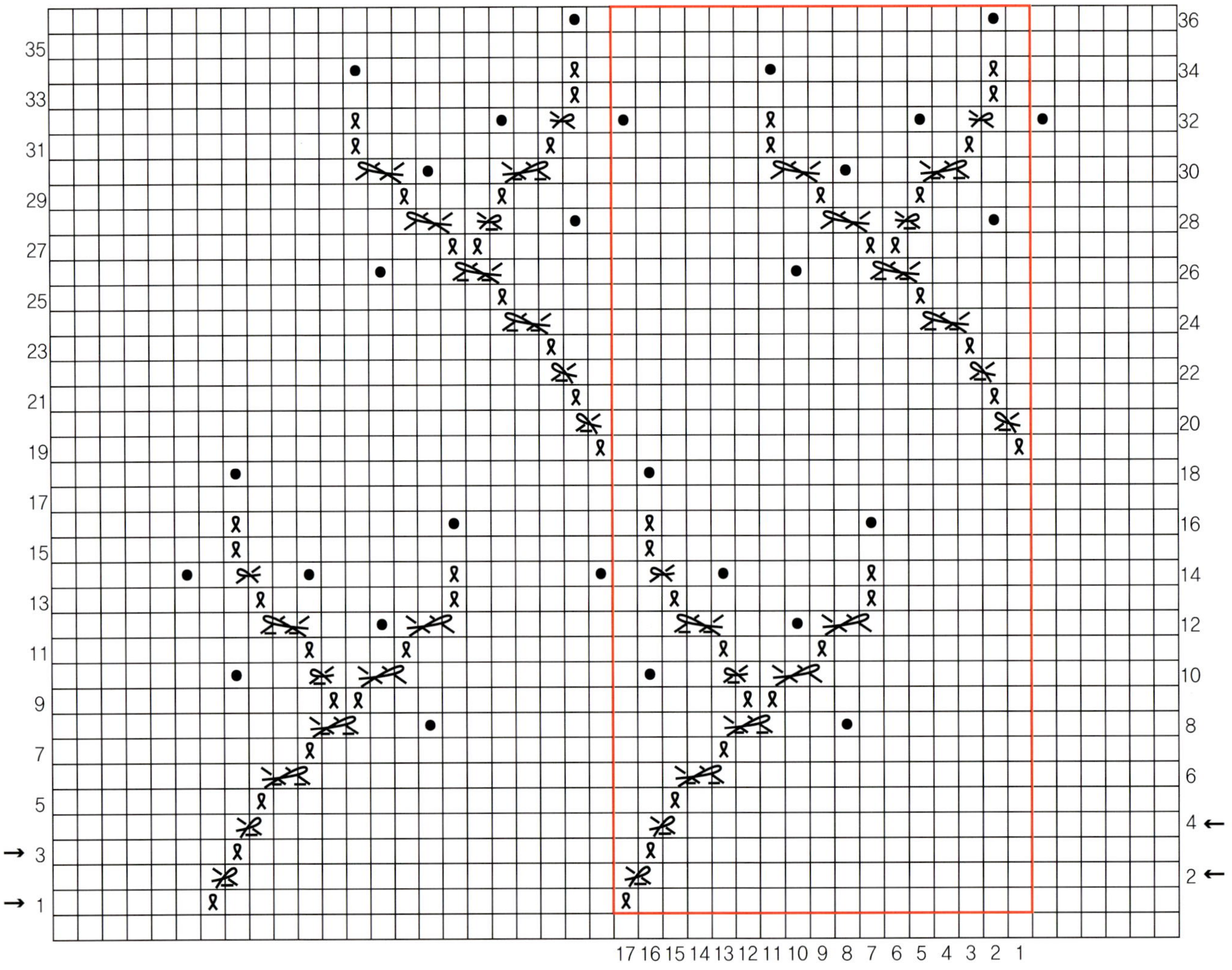

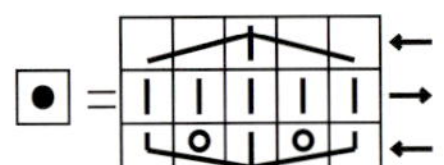

□ 안뜨기

Ω 꼬아뜨기

● = 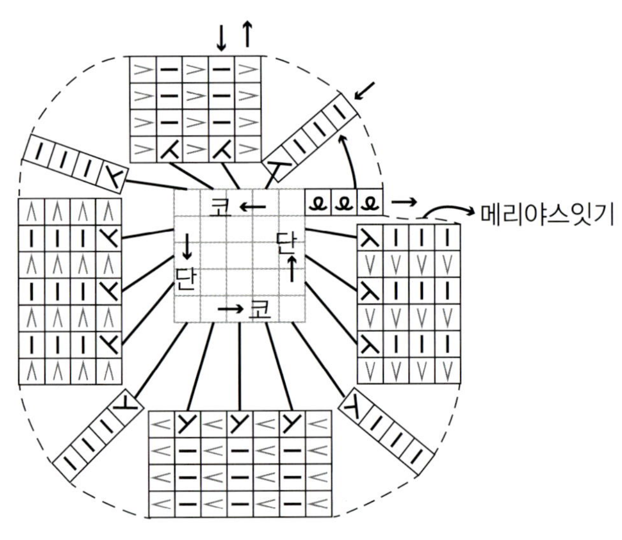

□ 반복(17코 x 36단)

Ω 손가락에 걸어서 코 만들기

∨ 오른쪽 바늘의 코를 왼쪽 바늘로 옮긴다.

《 아이코드단 뜨는 법 》

사용실과 사용량 : 빅토리아 804번 770g + 13g(주머니)
사용 도구 : 대바늘 6호(3.9mm), 코바늘 6/0호
사이즈 : 옷길이 71cm, 뒤품 60cm

Tip : 매단마다 무늬를 떠서 촘촘한 편물의 오버사이즈 코트입니다.

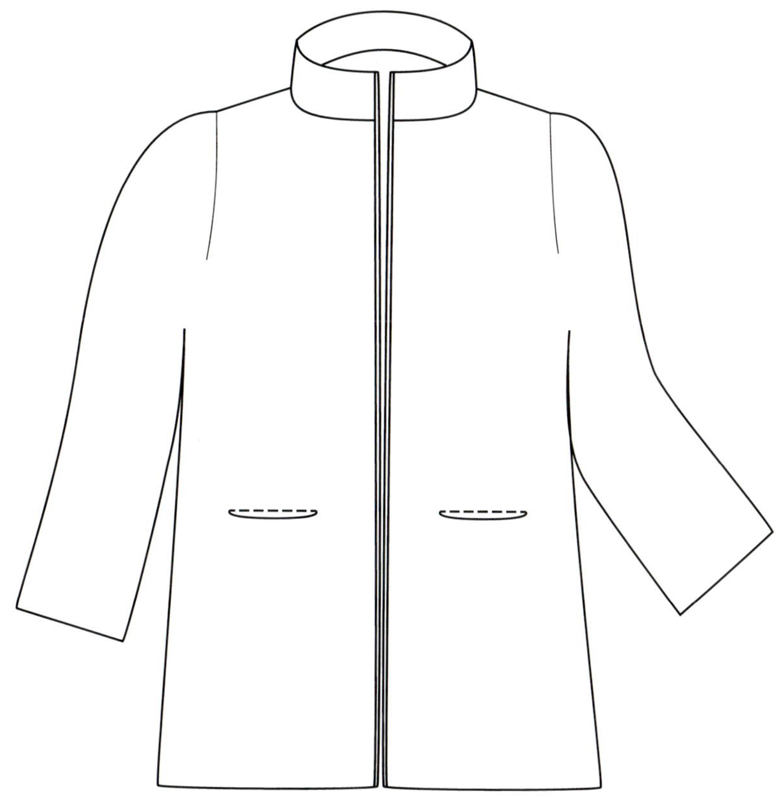

뜨는 법

1. 뒤판 일반 시작코 152코를 만들고 안뜨기 1단 뜬 다음, 매단마다 무늬뜨기한다.

2. 앞몸판 80코를 만들고, 77단째에 쉼코로 둔다.

3. 별도로 38코를 만들어 안쪽 주머니를 41단 뜬다.

4. 쉼코로 두었던 앞몸판 주머니 위치의 38코는 계속 쉼코로 두고,

5. 별도로 뜬 주머니 편물을 함께 뜬다.

6. 주머니 입구는 코바늘로 마무리단을 뜨고,

7. 안쪽에서 감침질로 꿰매어 준다.

8. 앞뒤 몸판의 어깨와 옆선을 연결한다.

9. 목둘레에서 110코를 주어서 무늬뜨기 13단을 뜬다.

10. 14단째 3코에 1코씩 줄임하면서 코막음한다.

11. 코바늘로 목둘레를 시작으로 앞단과 아랫단을 이어서 마무리단을 뜬다.

12. 소매 80코 시작하여 뜬다.

13. 소매 옆선을 꿰매고, 코바늘 마무리단을 뜬다.

14. 몸판에 소매를 연결한다.

15. 앞섶 안쪽으로 반박음질과 새발뜨기하여 달아준다.

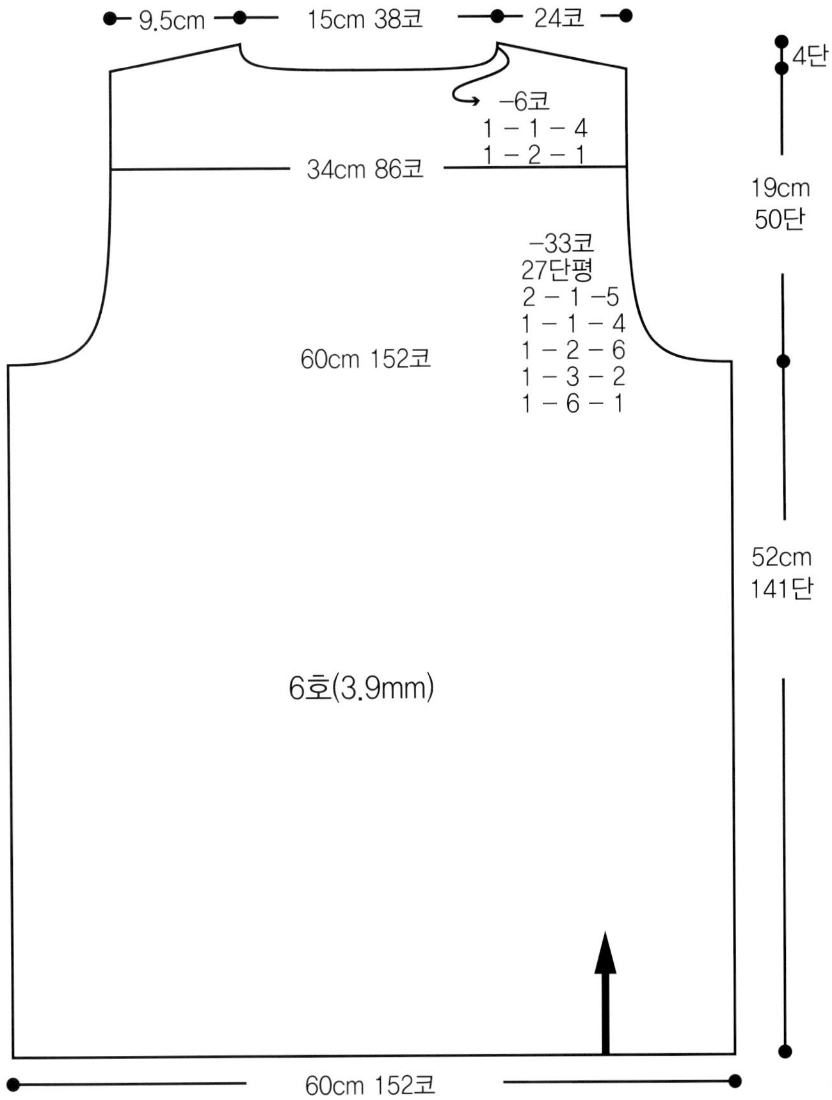

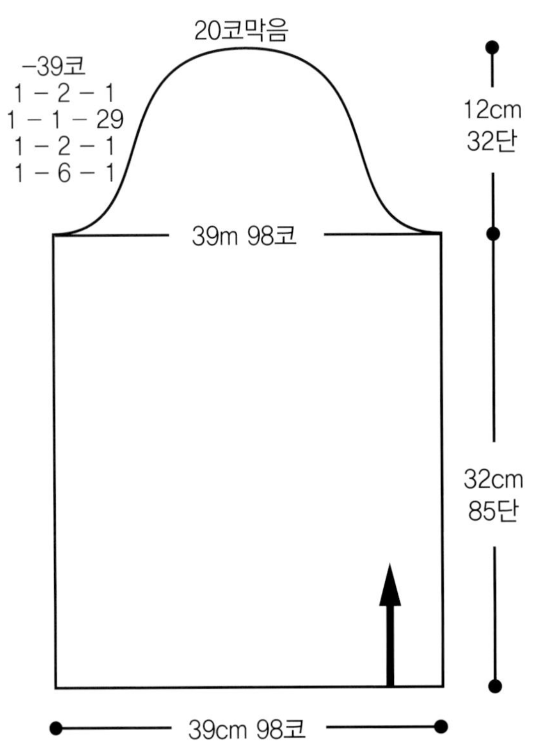

9.5cm
15cm 38코
24코
−6코
1 − 1 − 4
1 − 2 − 1
34cm 86코
−33코
27단평
2 − 1 − 5
1 − 1 − 4
1 − 2 − 6
1 − 3 − 2
1 − 6 − 1
60cm 152코
6호(3.9mm)
60cm 152코 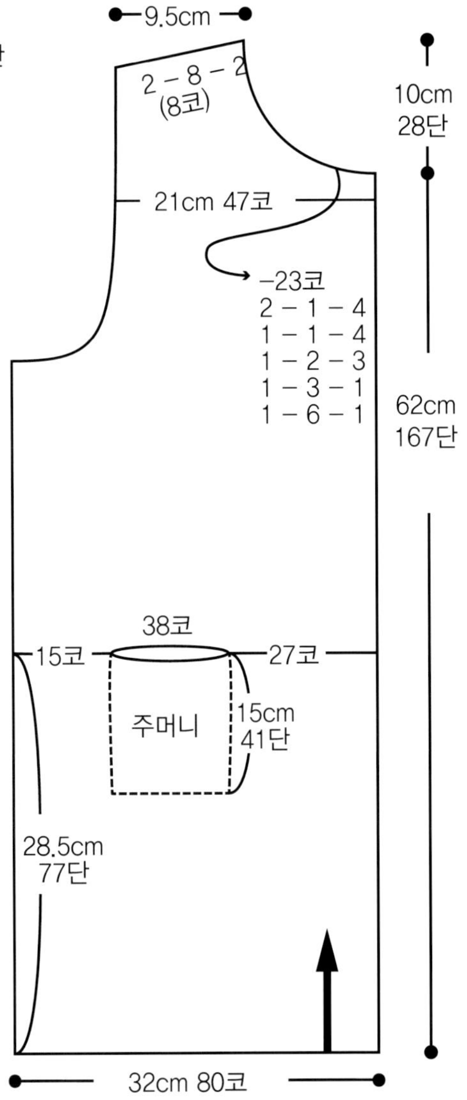
4단
19cm
50단
52cm
141단
9.5cm
2 − 8 − 2
(8코)
10cm
28단
21cm 47코
−23코
2 − 1 − 4
1 − 1 − 4
1 − 2 − 3
1 − 3 − 1
1 − 6 − 1
62cm
167단
38코
15코
27코
주머니
15cm
41단
28.5cm
77단
32cm 80코
20코막음
−39코
1 − 2 − 1
1 − 1 − 29
1 − 2 − 1
1 − 6 − 1
39m 98코
12cm
32단
32cm
85단
39cm 98코

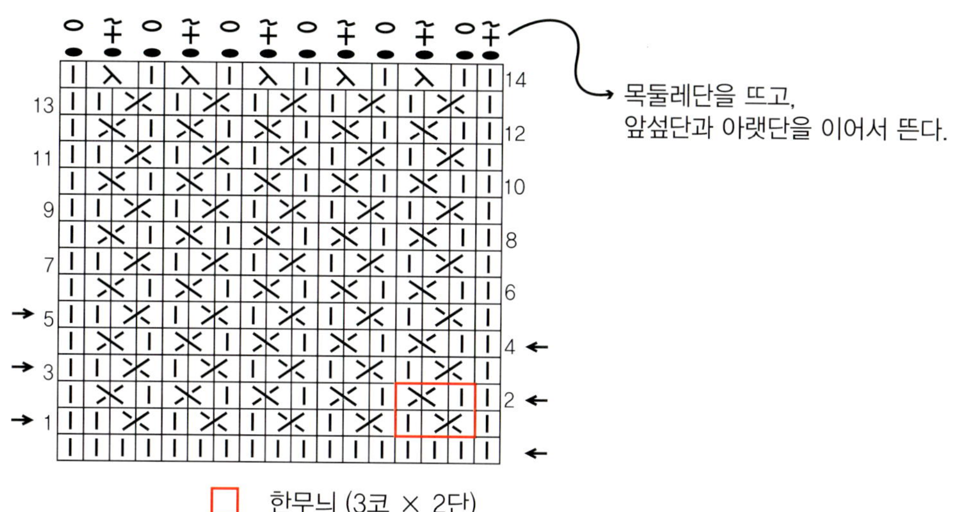

한무늬 (3코 × 2단)

《 대바늘 뜨기 》

| I | 겉뜨기 |

| ✖ | 오른코 1 x 1 교차뜨기 |

| ✖ | 왼코 1 x 1 교차뜨기 |

《 코바늘 뜨기 》

● 빼뜨기

○ 사슬뜨기

⊥ 되돌아 짧은뜨기

목둘레 3.75mm 110코 × 14단

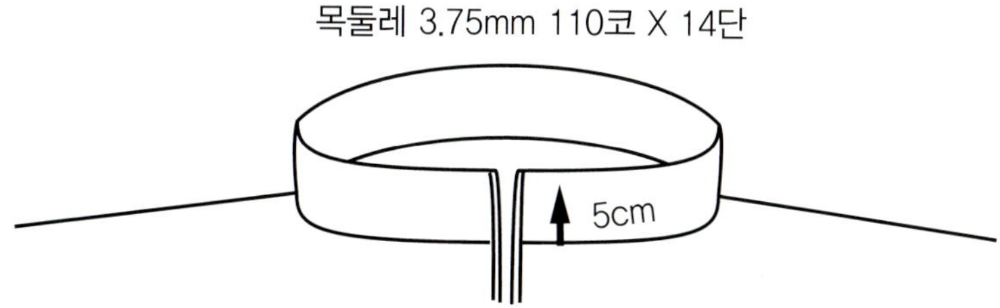

KNIT LOVE WORKSHOP
BLEND

김현옥 | 하늘여자

작가 이력
니트러브 소품 공모전 제2회 금상 수상
니트러브 소품 공모전 제3회 특별상

엮음 무늬 무릎담요

사용실과 사용량 : 빈센트 리치 6674번 B색 4볼, 빈센트 리치 6660번 A색 3볼
사용 도구 : 4.5mm 대바늘
사이즈 : 70cm x 95cm

42P

Tip : 무늬의 도안대로 찬찬히 처음만 익숙해지면 나중엔 예쁜 모양에 즐겁게 뜰 수 있답니다.

뜨는 법

1. A색 실로 1코 고무뜨기 시작코로 153코 만든다.

2. 1단~5단까지 씨앗뜨기로 뜬다.

3. 6단 – (안쪽에서) 안뜨기로 2코 [실 겉면으로 넘기고 걸러뜨기 5코를 뜬다. 실을 안면으로 넘기고] 안뜨기 1코 떠준다.

4. 7단 – B색 실로 겉뜨기로 뜬다.

5. 8단 – B색 실로 안뜨기로 뜬다.

6. 9단부터는 엮음 무늬 도안을(3에서 걸러뜨고 남은 실을 위쪽에 끌어올려 [ ] 이 부분처럼 뜬다) 참고하여 시작부터 약 90cm 떠준다.

7. 마무리는 A색 실로 멍석뜨기를 5단 뜬 후 돗바늘로 마무리를 해준다.

8. 옆부분 테두리는 218코를 주워 씨앗뜨기로 6단을 떠주고 마찬가지로 돗바늘로 마무리한다.

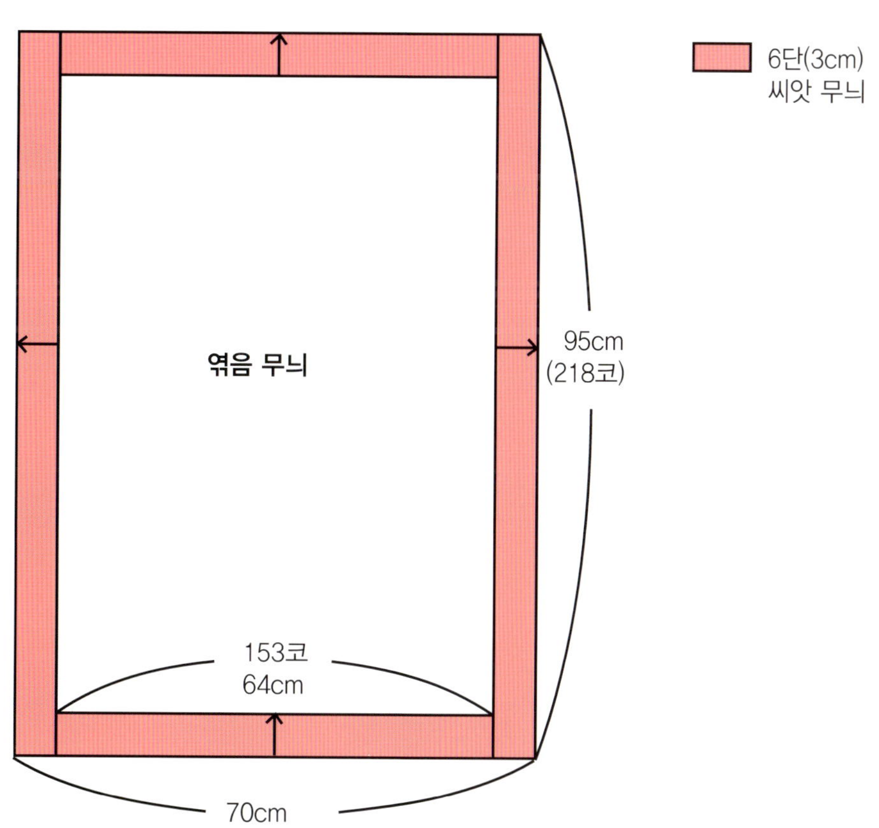

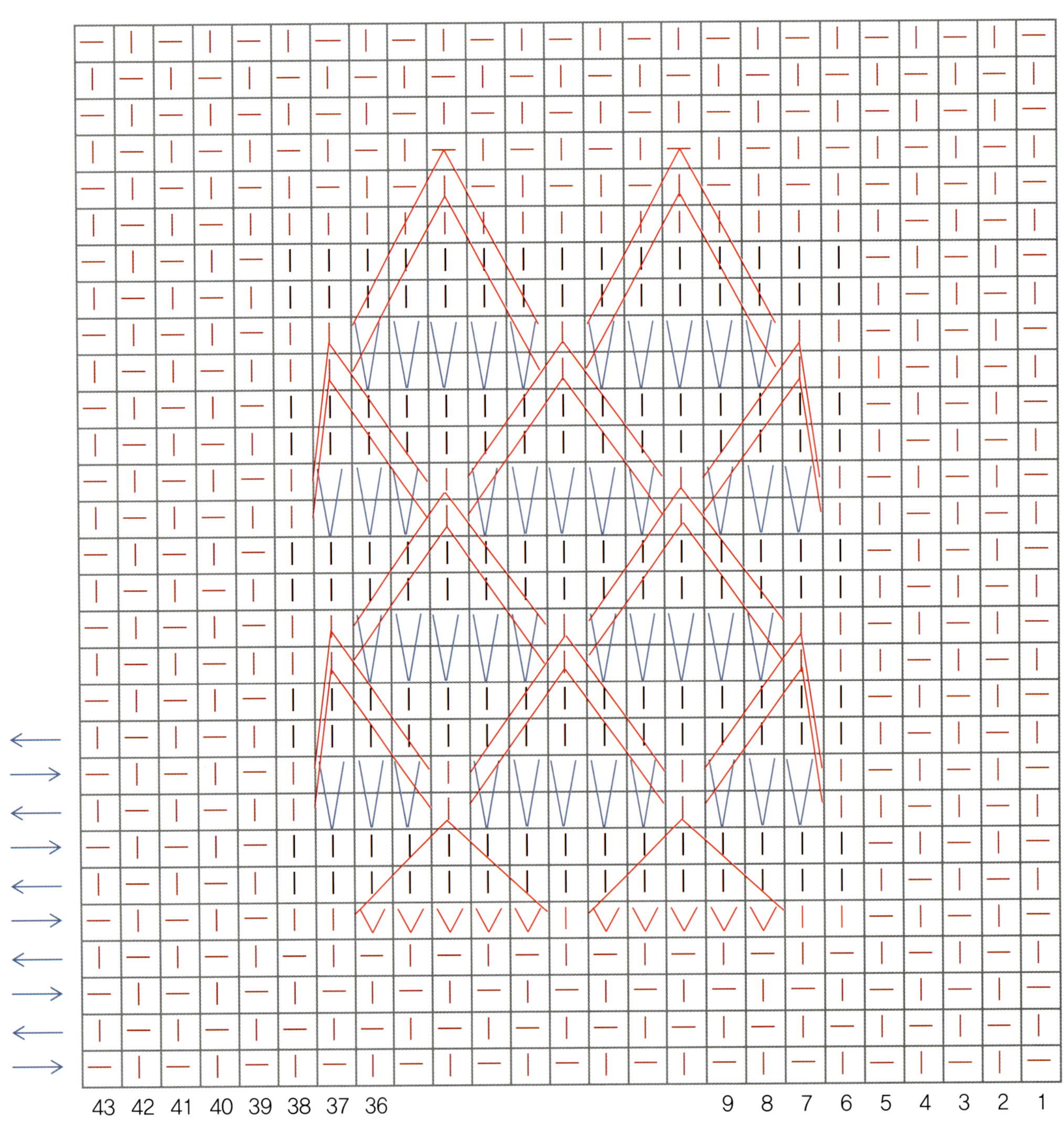

엮음 무늬 도안
한무늬 6코 8단

KNIT LOVE WORKSHOP
BLEND
이강미 | 당나순

엮음 쿠션 set

43ᴾ

사용실과 사용량 : 빈센트 리치 베이지 3볼, 브라운 3볼
사용 도구 : 3.5mm, 4.5mm 대바늘, 모사용 코바늘 3호
사이즈 : 가로 40cm, 세로 38cm

Tip : 걸고 가는 실의 장력 조절에 신경써야 무늬가 예쁘게 나옵니다.

만들기

1. 3.5mm 대바늘로 브라운색 실로 일반코 잡기 81코 만들어 1코 고무뜨기 4단 뜬다.

2. 메리야스뜨기로 72단(35cm) 뜬다.

3. 1코 1단 멍석뜨기 3단 뜬다.

4. 4.5mm 대바늘로 바꿔 브라운색과 베이지색 실을 배색하며 엮음 무늬 86단(36cm) 뜬다.

5. 3.5mm 대바늘로 바꿔 1코 1단 멍석뜨기 3단 뜬다.

6. 메리야스뜨기로 60단(35cm) 뜬다.

7. 1코 고무뜨기 4단 뜬 후 코막음한다.

8. 배색을 반대로 하나 더 만든다.

마무리하기

1. 코바늘 4호로 도안 참고하여 사슬10코 뜨고 편물에 연결 후 사슬코 위에 짧은뜨기 10코 떠서 고리를 만든다.

2. 엮음 무늬가 정면에 오도록 편물을 접어서 양옆을 꿰맨다.

3. 단추를 달아 준다.

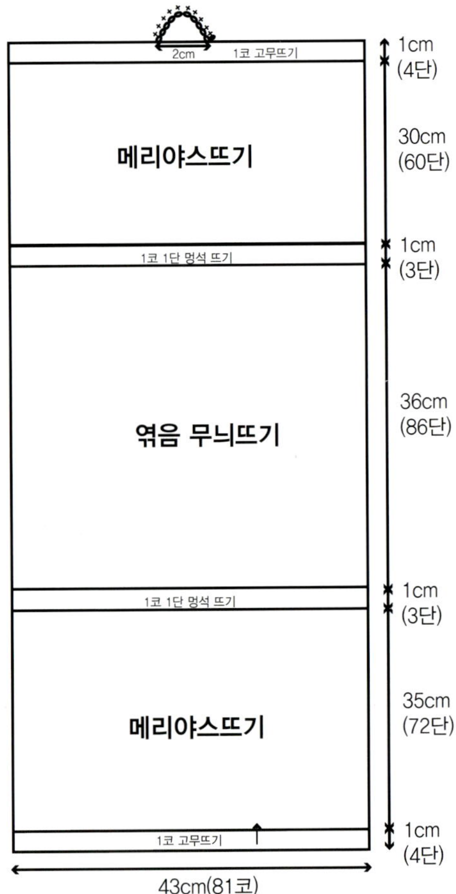

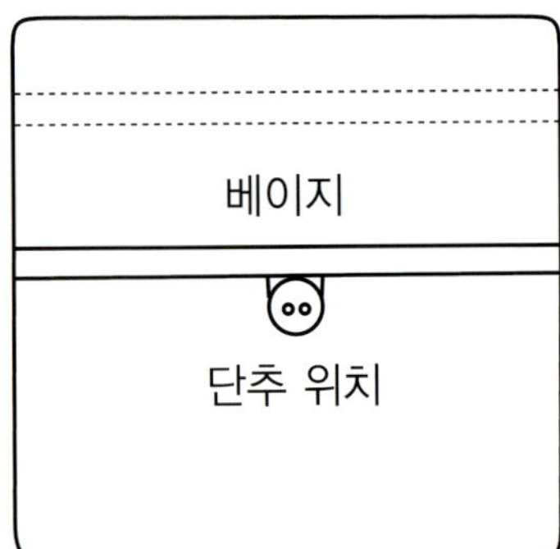

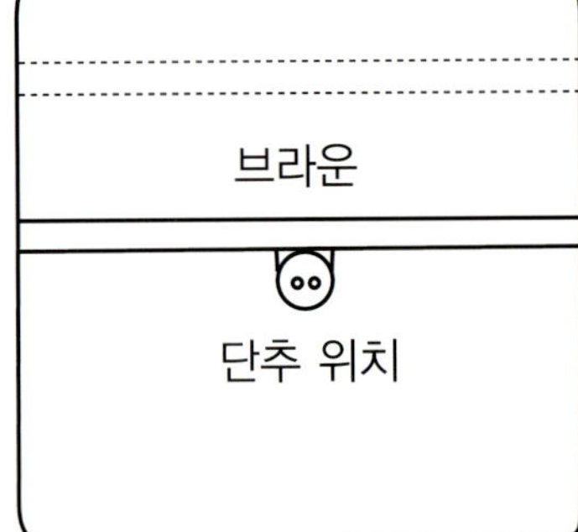

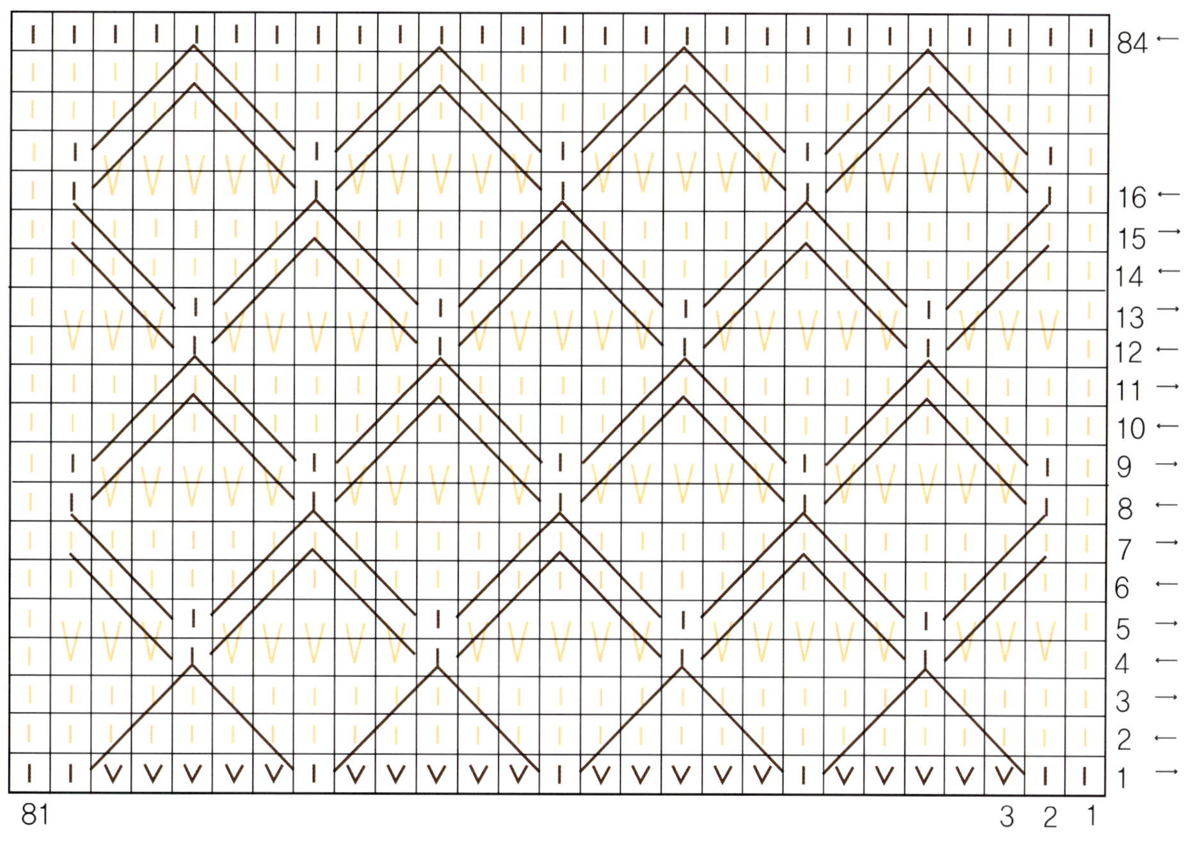

엮음 무늬

엮음 무늬 뜨는 설명

1단. (a색) (안쪽에서) 안뜨기 2코
  – [실 겉면으로 넘기고 걸러뜨기 5코 실 안면으로 넘기고 – 안뜨기 1코] 13회 반복 – 안뜨기 1코

2단. (b색) 겉뜨기 1단

3단. (b색) 안뜨기 1단

4단. (a색) 겉뜨기 1코 – 실 겉면으로 넘기고 걸러뜨기 3코 실 안면으로 넘기고
  – 1단째 길게 늘어진 a색 실을 끌어올려 함께 겉뜨기 1코
  – [실 겉면으로 넘기고 걸러뜨기 5코 실 안면으로 넘기고 – 겉뜨기 1코] 12회 반복
  – 실 겉면으로 넘기고 걸러뜨기 3코 실 안면으로 넘기고 – 겉뜨기 1코

5단. (a색) 안뜨기 1코 – 실 계속 안면에 두고 걸러뜨기 3코 – 안뜨기 1코
  – [걸러뜨기 5코 – 안뜨기 1코] 12회 반복 – 걸러뜨기 – 안뜨기 1코

6단. (b색) 겉뜨기 1단

7단. (b색) 안뜨기 1단

8단. (a색) 겉뜨기 1코 – 4단째 길게 늘어진 a색 실을 끌어올려 함께 겉뜨기 1코
  – [실 겉면으로 넘기고 걸러뜨기 5코 실 안면으로 넘기고
  – 4단째 a색 실을 끌어올려 함께 겉뜨기 1코] 13회 반복 – 겉뜨기 1코

9단. (a색) 안뜨기 1코 – 5단째 길게 늘여진 a색 실을 끌어올려 함께 안뜨기 1코
  – [걸러뜨기 5코 – 5단째 a색 실을 끌어올려 함께 안뜨기 1코] 13회 반복 – 안뜨기 1코

10단. (b색) 겉뜨기 1단

11단. (b색) 안뜨기 1단

※ **4~11단** 반복 10회 한다.

마무리(a색)

1단. 걸러뜨기 없이 겉뜨기하면서 아래의 a색 실도 끌어올려 떠준다.

44P

사용실과 사용량 : 빈센트 리치 핑크 1.5볼, 그레이 2.5볼
사용 도구 : 4mm 대바늘
사이즈 : 가로 17cm, 세로 160cm

Tip : 앞면의 글자를 원하는 대로 바꿔서 나만의 목도리를 만들어 보세요.

글씨 도안 목도리 만들기

1. 4mm 대바늘로 일반코 잡기로 회색 실 40코 만들어 메리야스뜨기로 28단 뜬다.

2. 도안 참고하여 무늬 배색과 글씨를 넣으면서 뜬다.

3. 회색 실로 28단 뜬 후 코막음한다.

배색 목도리 뜨기

1. 4mm 대바늘로 일반코 잡기로 핑크색 실 40코 만들어 겉메리야스뜨기로 1단 뜬다.

2. 회색으로 새로 실을 걸어 안메리야스뜨기 1단 뜬다.

3. 3단에서 핑크색 실 있는 방향으로 뜨개를 이동하여 안메리야스뜨기한다.

4. 4단에서 아래에 있는 회색 실을 집어 겉메리야스뜨기한다.

5. 5단에서 핑크색 실 있는 방향으로 뜨개를 이동하여 겉메리야스뜨기한다.

6. **2**에서 **5**를 108회 한다.

7. 2단과 같은 회색 실 안메리야스뜨기한 후 코막음한다(1단).

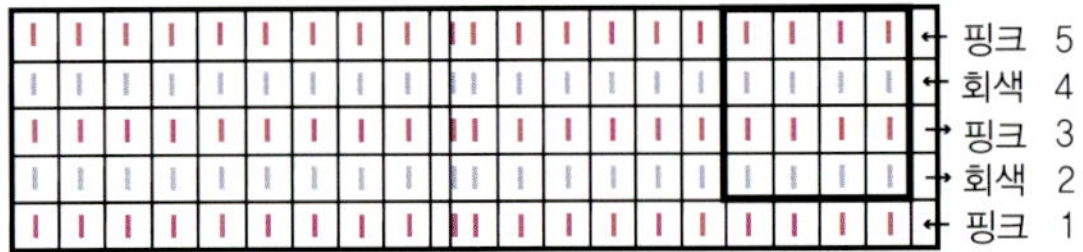

마무리하기

1. 2장을 안끼리 마주 대고 4면을 돗바늘로 꿰매 연결해 완성한다.

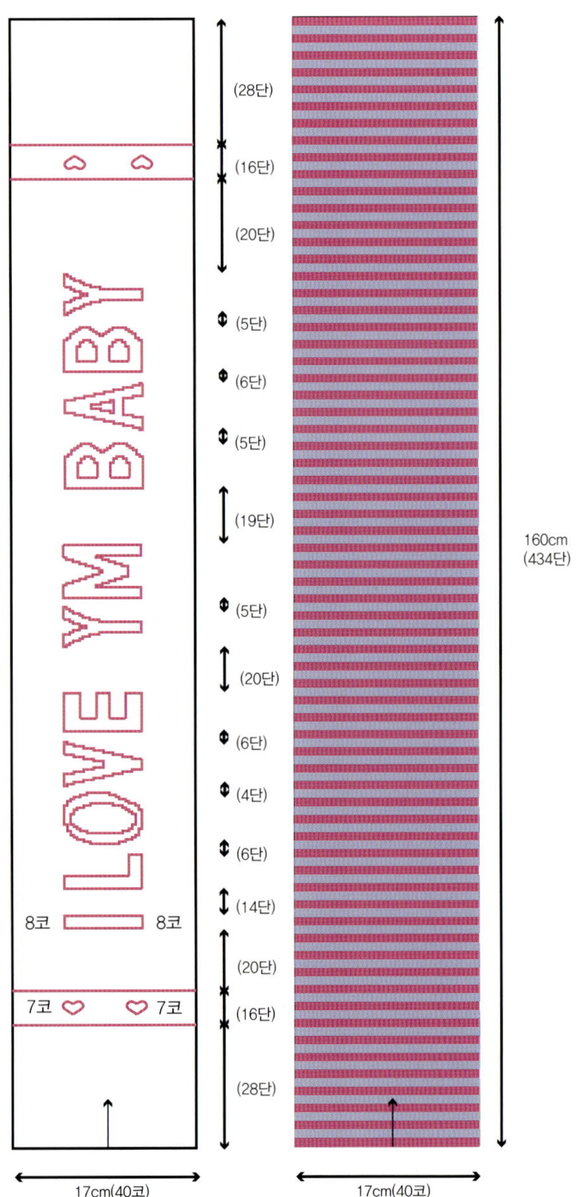

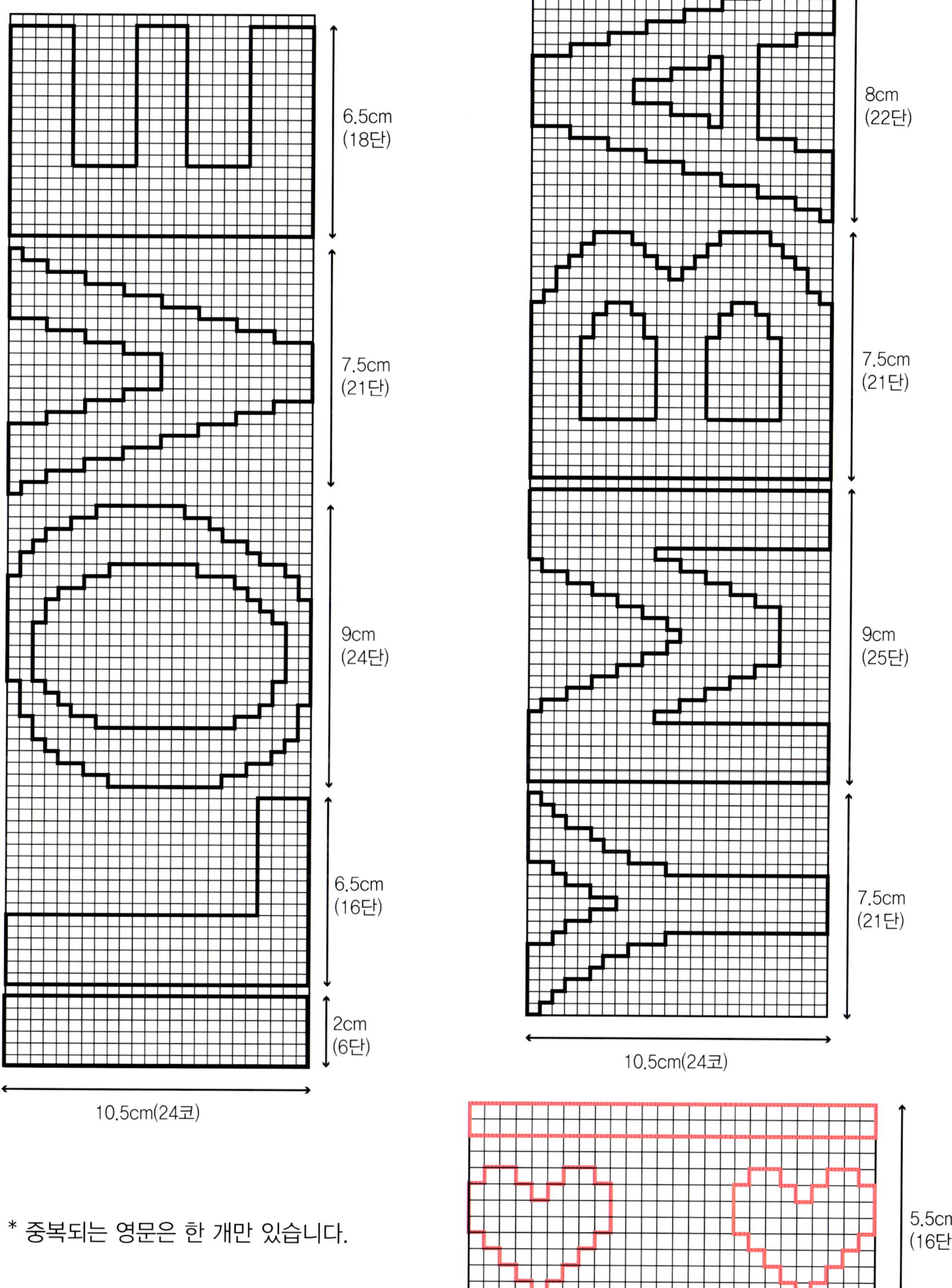

* 중복되는 영문은 한 개만 있습니다.

45P

사용실과 사용량 : 빈센트 리치 올리브 1.5볼
사용 도구 : 4mm 대바늘
사이즈 : 가로 18cm, 세로 160cm
Tip : 무늬만 살려서 넥워머로 떠도 좋습니다.

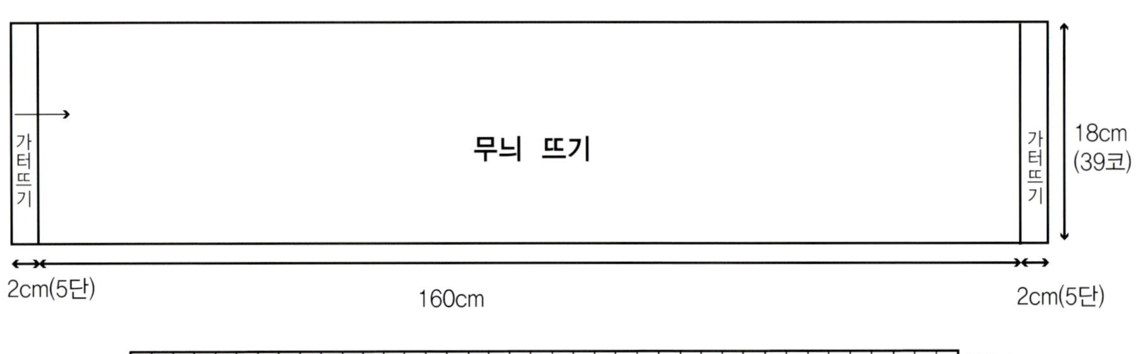

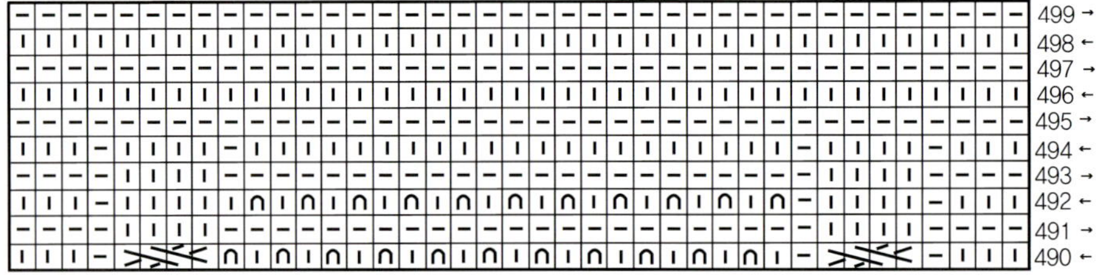

∩ 기호뜨기

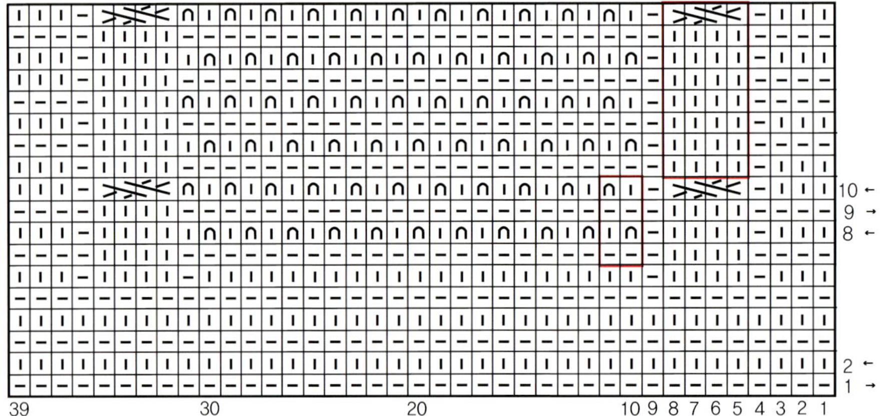

Bee 스티치 목도리 무늬뜨기

목도리 만들기

1. 4mm 대바늘로 일반코 잡기 39코 만들어 가터뜨기 5단 뜬다.

2. 6단부터 무늬뜨기 도안 참고하여 160cm 뜬다.

3. 8단에서 기호를 뜰 때 아랫단과 함께 뜬다.

4. 가터뜨기 5단 뜬 후 코막음한다.

2014년 9월 10일 인쇄
2014년 9월 15일 발행

저자 : 니트러브

펴낸이 : 남상호

펴낸곳 : 도서출판 예신
www.yesin.co.kr

140-896 서울시 용산구 효창원로 64길 6
대표전화 : 704-4233, 팩스 : 335-1986
등록번호 : 제3-01365호(2002.4.18)

값 15,000원

ISBN : 978-89-5649-115-8

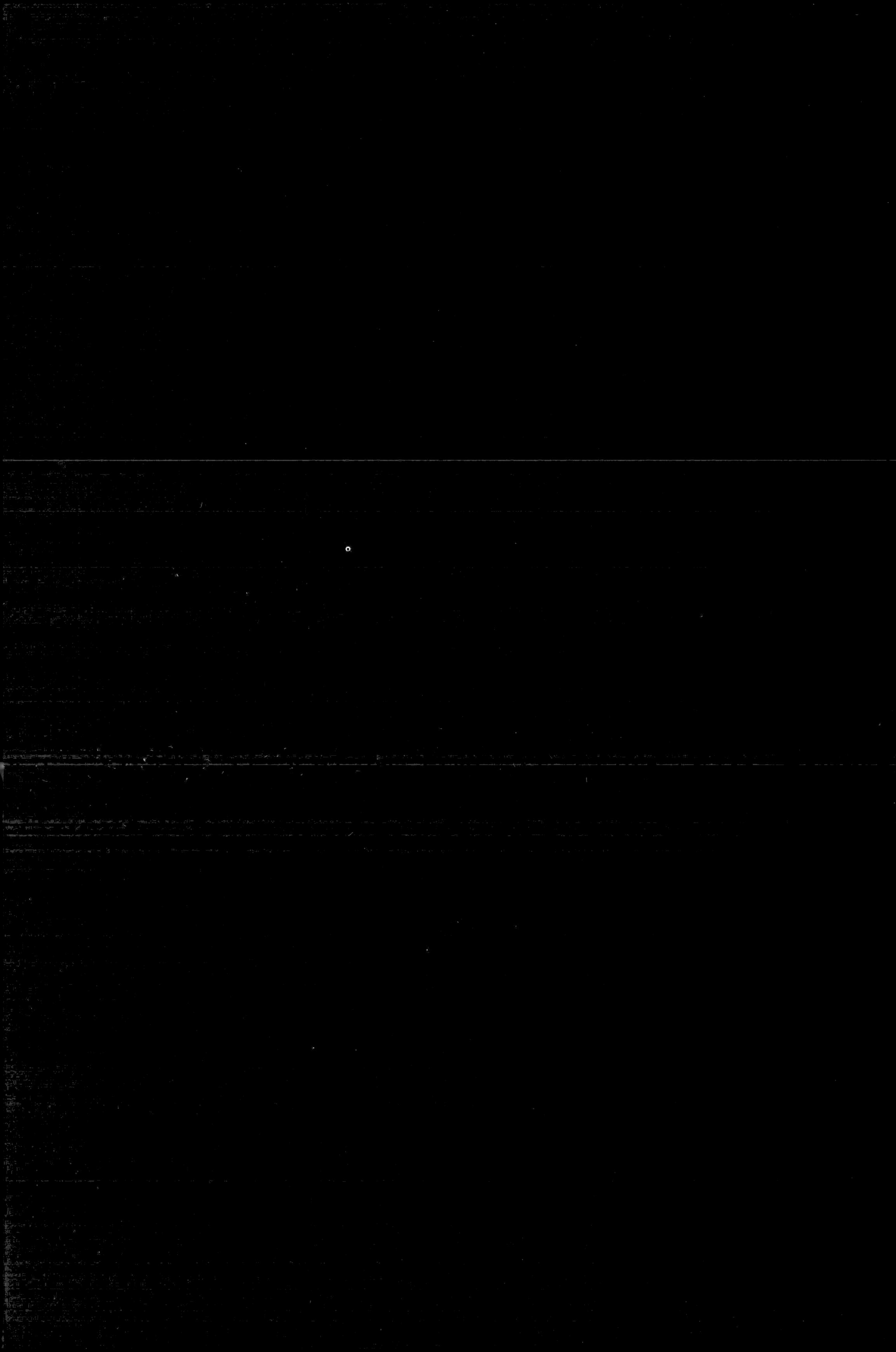